中国城市生物多样性保护案例

肖能文　高晓奇　李冠稳　吴　刚　**等**/编著

中国环境出版集团·北京

图书在版编目（CIP）数据

中国城市生物多样性保护案例/肖能文等编著. —北京：
中国环境出版集团，2022.8
ISBN 978-7-5111-5122-3

Ⅰ．①中… Ⅱ．①肖… Ⅲ．①城市—生物多样性—生
物资源保护—案例—中国 Ⅳ．①X176

中国版本图书馆 CIP 数据核字（2022）第 060685 号

出 版 人 武德凯
策划编辑 王素娟
责任编辑 王 菲
责任校对 薄军霞
封面设计 宋 瑞

出版发行 中国环境出版集团
（100062 北京市东城区广渠门内大街 16 号）
网 址：http://www.cesp.com.cn
电子邮箱：bjgl@cesp.com.cn
联系电话：010-67112765（编辑管理部）
010-67162011（第四分社）
发行热线：010-67125803，010-67113405（传真）
印 刷 北京中科印刷有限公司
经 销 各地新华书店
版 次 2022 年 8 月第 1 版
印 次 2022 年 8 月第 1 次印刷
开 本 787×960 1/16
印 张 11.25
字 数 220 千字
定 价 76.00 元

中国环境出版集团郑重承诺：
中国环境出版集团合作的印刷单位、材料单位均具有中国环境标志产品认证。

编委会

　　根据联合国经济和社会事务部人口司发布的《2018 年版世界城镇化展望》，目前世界上约有 55%的人口居住在城市地区，到 2050 年，这一比例将达到 68%左右。

　　城市生物多样性是指城市建成区范围内的生物多样性，但目前关于城市并没有形成统一的定义。在欧洲和北美，城市通常被认为是中心地区建筑用地面积比例超过 50%，周围建筑用地面积比例为 30%～50%，总体人口密度高于 10 人/hm^2 的地区。而在其他一些地区，通常是依据人口数量、经济密度以及治理结构形式来区分城镇、城市或城市区域的。即便依据人口数量划分，世界各国也没有统一的标准，如日本和英国以超过 3 500 人、印度以超过 5 000 人、墨西哥以超过 2 500 人的居民点作为城市或城镇的标准。本书采用我国广泛适用的概念，城市指建成区或者行政区划上的"城区"。

　　城市在保持生物多样性以及提供生态系统服务方面可以发挥重要作用。城市可以维持很高的生物多样性，如陆地面积仅为 728.6 km^2 的新加坡，有准确记录的鸟类 404 种、维管束植物 2 172 种；德国柏林有 22 个全球重要生境；比利时布鲁塞尔分布的植物种类数超过整个比利时植物种类总数的 50%。城市是非常重要的生物多样性迁地保护场所，分布有大量的动植物园、海洋馆、种质库和基因库等，保护了大量的生物资源。城市生物多样性也是城市的重要组成部分，为城市提供了一系列的生态系统服务，如保护城市生态及本地物种、降低城市"热岛"效应、减少能量损耗、净化城市环境等，尤其是在文化服务方面，如景观价值、旅游价值、美学价值以及文化价值等方面都有着非常重要的作用。因此，城市生物多样性对城市以及生物多样性保护均具有非常重要的意义。

然而，城市生物多样性面临的形势并不乐观。随着城市化的发展，城市中生物栖息地丧失、生境破碎化、外来物种入侵、本地物种灭绝等严重威胁着城市的生物多样性。目前社会对城市生物多样性保护的重视程度不足，城市生物多样性保护在理念、技术等方面存在一定差异。鉴于此，为了与世界其他国家和地区分享我国城市生物多样性保护的成功经验、提高公众的城市生物多样性保护意识，我们对中国在城市生物多样性保护方面已取得成功的经验与模式、先进技术和实用方法等进行了系统的总结，以案例的形式编写了《中国城市生物多样性保护案例》。

本书从城市生物多样性的主流化、调查监测及外来入侵物种防控、就地与迁地保护、城市绿地与廊道建设、湿地生态系统恢复以及公众参与宣传教育等6个方面，选取了55个城市保护生物多样性的典型案例，简要介绍了案例情况、整理了案例亮点和适用范围，以供其他城市参考借鉴。

本书的出版得到了中华人民共和国科学技术部"典型脆弱生态修复与保护研究"专项"基于多源数据融合的生态系统评估技术及其应用研究"（2016YFC0500206）、生态环境部"生物多样性调查与评估"（2019HJ2096001006）项目，以及湖北省生物多样性本底调查观测评估项目的资助，在此表示感谢。

本书可供城市生物多样性保护的决策者或从业者，对城市生物多样性保护感兴趣的社会公众以及大、中、小学师生等参考借鉴。

由于时间仓促以及作者水平有限，书中不当之处在所难免，希望广大读者指正！

编　者

2021.12

目　录

第 1 章　城市生物多样性主流化

第 2 章　调查监测及外来入侵物种防控

第3章　就地保护与迁地保护

第4章　城市绿地与廊道建设

第5章　湿地生态系统恢复

第6章　公众参与宣传教育

第 1 章

城市生物多样性主流化

　　生物多样性主流化,是指将生物多样性纳入国家或地方政府的政治、经济、社会、军事、文化及环境保护等经济社会发展建设主流的过程,也包括纳入企业、社区和公众生产与生活的过程。生物多样性主流化在国际上已被认为是最有效的生物多样性保护与可持续利用的措施之一。中国自签署《生物多样性公约》后,在生物多样性主流化方面做了大量的工作,就城市生物多样性而言,中国在国家政策与行动、城市规划、建设等方面进行了大量探索实践,推动了城市生物多样性的主流化。

【案例1-1】

城市生物多样性纳入国家主流政策

城市生物多样性保护逐步纳入国家和地方经济、社会发展的主流。目前已经纳入《中国生物多样性保护战略与行动计划（2011—2030年)》、国家规划和绿色城市创建，部分城市编制了专门的生物多样性保护规划，逐步实现了生物多样性保护由行政命令向综合运用法律、经济、技术和必要的行政管理转变。城市生物多样性主流化将从根本上解决城市生物多样性的保护与可持续利用的问题，使生物多样性保护与经济发展得以同步进行。

案例描述

（1）城市生物多样性保护已纳入《中国生物多样性保护战略与行动计划（2011—2030年)》。其中，第四部分"生物多样性保护优先区域"中，华北平原黄土高原区中提出保护重点包括加强区域内特大城市周围湿地的恢复与保护；第五部分"生物多样性保护优先领域与行动"中的4项行动均涉及城市生物多样性保护。行动15提出，加强对城市规划中的绿地、河湖、自然湿地等生态和景观敏感区的管理和保护；行动18提出，加强城市规划区内珍稀濒危物种的迁地保护，建立城市古树名木保护档案，并划定保护范围。在附录"生物多样性保护优先项目"中也设置了专门针对城市生物多样性保护的内容：其中项目6要求在城乡建设中体现生物多样性保护与生物资源可持续利用内容。在充分调查的基础上，研究编制国家城市生物多样性保护规划，在城市绿地系统规划建设中体现生物多样性要素，并选择3~5个中等城市开展示范。项目10要求对主要城市动物园、植物园、树木园、野生动物园、水族馆及养殖场保存的物种进行调查、整理和编目，查明城市园林生物物种资源迁地保护现状，建立数据库和动态监测系统，保护和可持续利用重要动植物物种。

（2）城市生态系统功能研究纳入《国家中长期科学和技术发展规划纲要（2006—2020年）》，其中在第三部分"重点领域及其优先主题"的"城镇化与城市发展城市功能提升与空间节约利用"中，明确重点研究城市"热岛"效应形成机制与人工调控技术等。

（3）城市生物多样性纳入国家规划。中华人民共和国住房和城乡建设部、环境保护部联合发布了《全国城市生态保护与建设规划（2015—2020年）》（建城〔2016〕284号）。

（4）城市生物多样性纳入国家创建活动。"国家生态园林城市"创建要求完成市域范围的生物物种资源普查、制定城市生物多样性保护规划、有5年以上的监测记录等条件，有力地推动了城市生物多样性的保护。

（5）生物多样性指标纳入绿色建筑评价。在我国台湾地区绿色建筑评价中不仅重视建筑的节能减排，还纳入了生物多样性指标。在基本型建筑中，台湾地区绿色建筑评价分为生态、节能、减排以及健康四大类指标，其中生物多样性指标占总分值的9%。

（6）许多城市编制了生物多样性保护规划或生物多样性战略与行动计划。香港是我国首个制定城市生物多样性战略与行动计划的城市，西安、泉州、忻州等城市也制定了城市生物多样性保护专项规划。

（7）以城市生物多样性为议题的国际研讨和交流活动也逐渐增多。例如，中国环境科学研究院与德国联邦自然保护局举行的中德生物多样性保护第八次会议，主题为"城市生物多样性与生态系统服务——价值、政策、规划与实施"；2011年"西安城市与生物多样性国际论坛"上，发布了《城市与生物多样性西安倡议》。

（8）许多城市开展生物多样性相关的基础资源调查活动。2018年，深圳市投资近4 000万元开展全市陆域生态调查评估；2020年，北京市生态环境局启动了北京市生物多样性调查与评估项目，投资900余万元开展全市生物多样性本底调查。这些活动都将为城市生物多样性保护提供基础数据。

案例亮点

（1）城市生物多样性保护纳入国家或地方政府经济、社会、文化及环境保护等经济社会发展建设的主流。

（2）从城市建设规划、园林城市创建和绿色建筑评价等行动推动政府、社会、企业对城市生物多样性保护。

（3）以城市生物多样性为主题的科研活动和国际交流逐渐增加。

适用范围

城市建设规划纳入生物多样性相关内容。

城市创建增加城市生物多样性相关指标。

（肖能文）

【案例 1-2】

将生物多样性保护纳入城市建设

城市生物多样性主流化是城市生物多样性保护与可持续利用最有效的措施之一。城市生物多样性保护进入经济、社会发展的主流，被纳入城市建设现有政策、法规和规划中，使其与经济发展相协调，从根本上推动了生物多样性保护工作。

案例描述

2002 年，中华人民共和国建设部颁布了《关于加强城市生物多样性保护工作的通知》（建城〔2002〕249 号）（以下简称《通知》），从城市生物多样性保护的重要性和必要性、保护的基础工作、保护的重点以及组织管理 4 个方面提出了城市生物多样性保护的要求。

《通知》明确了城市生物多样性面临的威胁包括乡土物种保护不足、过度引入外来植物、城市园林绿化植物品种单一、城市湿地面临高强度开发建设、城市自然植物群落破坏严重等；明确了城市生物多样性保护的重要性和紧迫性。

摸清本底是保护的前提。《通知》要求各城市园林部门组织开展城市生物多样性本底调查与监测，加强对城市乡土物种和濒危物种的调查研究，尽快编制《城市生物多样性保护规划》。

《通知》把乡土物种保护、古树名木保护、城市绿地建设以及迁地保护作为城市生物多样性保护的重点。要求各级园林绿化行政主管部门对于城区内的河湖、池塘、坡地、沟渠、沼泽地、自然湿地、茶园、果园等生态和景观的敏感区域，按照《城市绿线管理办法》（建设部令第 112 号）的规定编制保护利用规划，划定绿线，严格保护；对古树名木要普查建档，划定保护范围；绿地建设方面要求加强城市绿地系统生物多样性的研究，注重区域性物种保护与可持续利用。对于城市绿地建设，要求各城市主管部门加强城市植物配置设计的审批，合理界定植物品种的数量，丰富植物物种；另外，要求注重对乡土物种的保护，加强、促进对本地乡土物种的合理利用。迁地保护方面，《通知》要求城市要结合自身优势，加强珍稀、濒危物种的繁育和研究基地的建设，加快动物园、植物园等的建设，注重发挥公园在生物多样性方面的科普教育阵地作用，不断提高公众的生物多样性保护意识。

此外，《通知》还从城市生物多样性保护管理体制、机制建设、保护宣传等方面提出了指导要求。

《通知》是国家层面出台的第一个以城市生物多样性保护为主题的政策规划，指出了城市生物多样性保护的必要性，初步建立了城市生物多样性的保护框架，正式拉开了中国城市生物多样性保护的序幕，对中国城市生物多样性保护具有重大的指导意义。

案例亮点

《通知》是中国政府发布的以城市生物多样性保护为主题的第一个政策文件。

适用范围

国内外城市生物多样性保护相关的管理机构。

（高晓奇）

【案例 1-3】

将生物多样性保护纳入城市建设规划

城市规划是规范城市发展建设，研究城市的未来发展、合理布局，安排城市各项工程建设的综合部署；是在一定时期内城市发展的蓝图；是城市建设和管理的依据。将生物多样性保护纳入城市建设规划，是城市生物多样性主流化的重要手段，为城市科学合理地保护生物多样性提供了重要依据。

案例描述

2016 年，中华人民共和国住房和城乡建设部与环境保护部联合发布了《全国城市生态保护与建设规划（2015—2020 年）》（建城〔2016〕284 号）（以下简称《规划》），明确将生物多样性保护纳入城市生态保护与建设规划。

《规划》制定了 2020 年城市生物多样性保护的工作目标，即设市城市编制城市生物多样性保护规划，建立城市生物多样性保护、监测信息系统。地级及以上城市至少拥有 1 个 40 hm^2 以上的科普植物园；建立不少于 1 处大中型城市生物栖息地保护和建设示范地，面积不少于 5 hm^2；建立不少于 3 处乡土野生植物群落恢复和生境重建示范地，每处不少于 2 hm^2；古树名木及古树名木后备资源（树龄≥50 年的树木）调查、建档立案、挂牌和保护实施完成率达到 100%。

《规划》提出了城市生物多样性保护的重点任务与工程。一是构建城市生物栖息地网络体系。依托自然保护区、风景名胜区、郊野公园、湿地公园、城乡绿道等构建城市大型生物栖息地，改造城市公园，增设城市自然保留地、保护性小区，完善中小型栖息地和生物迁徙廊道系统，提高受保护空间面积，形成"点—线—面"有机结合、大中小并举的物种资源保护网络体系。二是加强城市生物多样性科研、监测和宣传。开展城市生物资源和濒危物种变化情况的普查、编目，建立物种种质资源库。借助植物园、动物园、野生动物园、城市湿地公园，开展珍稀濒危物种的迁地保护和人工繁育研究，加强外来物种入侵管控。建立城市生物多样性信息管理系统，开展动态监测。组织多类型、多形式的生物多样性保护宣传及科普教育活动，普及生物多样性知识，提高全民生物多样性保护意识，动员全社会关心、参与生物多样性保护工作。

《规划》还制定了城市生物多样性保护考核评价指标及计算方法。其中古树名木保护率被列为考核指标，将本地木本植物指数、综合物种指数设置为引导指标，以此推动城市对生物多样性指标的完善和优化。

案例亮点

（1）《规划》将城市生物多样性保护作为重要任务纳入城市生态保护与建设规划。

（2）《规划》提出了城市生物多样性保护的阶段目标及主要任务，制定了城市生物多样性保护的考核指标，使城市生物多样性保护更具有可操作性。

适用范围

国内外城市生物多样性保护相关的管理机构、企业以及社会团体等。

（高晓奇）

【案例 1-4】

国家园林城市建设行动推动城市生物多样性保护

园林城市是以一定量的绿化作为基本的纽带，艺术化地组织和构造城市空间的各个基本要素，使城市整体环境有最佳的美学和生态学效果的城市。中国开展园林城市创建是提高城市环境的重要行动，该行动将城市生物多样性保护作为考核指标，推动了中国城市生物多样性保护。

案例描述

1992 年，中华人民共和国建设部在城市环境综合整治政策的基础上，基于当时中国城市的环境状况启动了"园林城市创建行动"，并制定了《园林城市评选标准（试行）》。该标准的重点在于城市的绿化美化相关指标是否达标，城市生物多样性相关内容并未纳入评价体系。

1996 年，建设部针对实际工作中出现的问题，进一步修订完善了《园林城市评选标准》，新标准明确提出园林城市建设要促使物种多样性趋于丰富，"古树名木保护复壮"等城市生物多样性保护要求。

2000 年，建设部印发的《创建国家园林城市实施方案》（建城〔2000〕106号）中，将实施城市可持续发展和生物多样性保护行动计划作为国家园林城市创建的指导思想。2004 年，建设部《关于印发创建"生态园林城市"实施意见的通知》（建城〔2004〕98 号）中，将综合物种指数、本地植物指数等生物多样性指标纳入生态园林城市评价体系。

2005 年，在建设部印发的《国家园林城市标准》（建城〔2005〕43 号）中，加入了"编制和实施城市规划区生物（植物）多样性保护规划，城市常用的园林植物以乡土物种为主，物种数量不低于 150 种（西北、东北地区 80种）等城市针对土著物种保护的要求。

2010 年，住房和城乡建设部发布《关于印发〈国家园林城市申报与评审办法》〈国家园林城市标准〉的通知》（建城〔2010〕125 号），在新的国家园林城市标准指标体系中，对城区生物多样性保护和城市湿地保护有明确要求。其中，生物多样性保护指标要求：①已完成不小于城市市域范围的生物物种资源普查；②已制定《城市生物多样性保护规划》和实施措施。城市湿地资源保护指标要求：①已完成城市规划区内的湿地资源普查；②已制定城市湿地资源保护规划和实施措施。自此，城市生物多样性保护规划编制以及城市生物多样性本底调查成为国家园林城市创建的重要指标。这标志着城市生物多样性保护成为创建园林城市的重要内容。

2016 年，《关于印发国家园林城市系列标准及申报评审管理办法的通知》（建城〔2016〕235 号）推出了升级版"国家生态园林城市"的创建，考核指标明确了城市园林绿化发展的更高目标，要求生态园林城市创建①完成不小于市域范围的生物物种资源普查；②已制定《城市生物多样性保护规划》和实施措施；③有五年以上的监测记录、评价数据，综合物种指数≥0.6，本地木本植物指数≥0.80。

图 1-4-1　国家首批园林城市之一——北京街景（高晓奇　摄）

2019 年，达到国家园林城市标准的城市有 381 个，达到国家生态园林城市标准的城市有 19 个。据估计，国家园林城市（包括生态园林城市）已占到中国城市数量的 60%。国家园林城市的创建推动了我国半数以上的城市开展生物多样性保护工作。

案例亮点

城市生物多样性保护内容被明确列入国家创建活动当中。

适用范围

国内外城市的生物多样性保护；国内计划开展园林城市创建的城市。

（高晓奇）

【案例1-5】

西安向全球城市发出生物多样性保护倡议

　　向社会各界进行广泛的宣传是推动城市生物多样性主流化的重要内容之一。城市是生物多样性决策的制定中心，更是生物多样性的宣传中心，以城市为阵地开展多种形式的宣传活动，有力地推动了城市生物多样性的主流化。

案例描述

　　2011年5月14日，西安市浐灞生态区召开了"西安城市与生物多样性国际论坛"。参加论坛的有联合国《生物多样性公约》秘书处代表、亚洲部分国家代表、中国各省市生物多样性保护相关管理部门以及非政府组织代表等共400余人。该论坛是中国首次以城市生物多样性为主题举办的国际论坛。

　　（1）论坛提供了城市生物多样性宣传与交流的平台。论坛展示了生物多样性对社会、经济、教育、文化和美学发展的价值和作用，诠释了城市与自然和谐共生的理念。参会人员就城市与生物多样性的关系、城市生物多样性保护等问题进行了交流讨论，倡议城市成为生物多样性保护的发起者、志愿者和实践者。

　　（2）论坛提出了城市生物多样性主流化的重点领域。论坛提出从转变发展方式、开展城市生物多样性保护、完善法制、注重对原有资源保护、促进技术和科学合作、引导居民参与、发挥妇女和青年的重要作用、加强合作、共同发展9个领域推动城市生物多样性保护原则化及主流化。

　　（3）论坛发出了《城市与生物多样性西安倡议》。论坛倡议全球城市以建设良性循环的城市生态系统为目标，推动城市生物多样性建设和保护事业的不断进步，实现城市的可持续发展，为地球上每一座城市的美好未来、为城市里每一位居民的美好生活而不懈努力。

　　论坛集中就城市与生物多样性的关系，如何应对城市生物多样性建设和保护所面临的机遇与挑战，推动城市建设过程的生物多样性主流化等"热点"进行交流讨论，提出城市生物多样性主流化的重点领域，并发出城市生物多样性保护的全球倡议，对国内外城市生物多样性保护起到了重要的宣传及指导作用。

案例亮点

（1）通过国际论坛的形式向社会普及城市生物多样性保护的重要性。

（2）提出城市应成为生物多样性保护的发起者、志愿者和实践者。

适用范围

开展城市生物多样性保护宣传的城市、企事业单位、政府机构等。

（高晓奇）

【案例 1-6】

香港制订中国首个城市生物多样性战略与行动计划

　　根据《生物多样性公约》第六条的要求，为有效保护和可持续利用生物多样性，各缔约方必须制定国家（地区）的战略、行动计划或方案，并尽可能将生物多样性保护及其持续利用纳入有关的部门或跨部门计划、方案和政策。作为最早签署《生物多样性公约》的国家，中国分别于 1994 年和 2010 年，先后发布了两版战略行动计划，指导全国的生物多样性工作。随后，全国各省市也印发了各自的生物多样性战略与行动计划。部分城市制定了专门的城市生物多样性保护战略与行动计划。

案例描述

　　中国香港地处北纬 22°08′～22°35′、东经 113°49′～114°31′，属亚热带气候，每年 4—9 月炎热多雨，10 月至次年 3 月凉爽干燥。香港西与澳门隔海相望，北与深圳市相邻，南临珠海市万山群岛，距广州市约 200 km，陆地面积为 1 106.3 km^2，海域面积为 1 648.7 km^2。

　　香港面积虽然不大，但其生物多样性非常丰富。根据公开数据，香港有维管束植物 3 300 种、陆域哺乳类 57 种、鸟类 540 种、爬行类 86 种、两栖类 24 种、淡水鱼 198 种、蝴蝶 236 种以及蜻蜓 123 种。另外，香港还有逾 1 000 种海鱼、2 种常栖海洋哺乳动物、84 种石珊瑚、67 种软珊瑚和柳珊瑚。香港的面积虽不及广东省的 1%，却拥有广东逾 1/3 的两栖动物种类，香港的鸟类更是占到全国鸟类种类的 1/3，石珊瑚的丰富度更是在加勒比海之上。作为全世界城市化水平和人口密度最高的城市之一，香港能够保持如此高的生物多样性，一方面在于本身的地理位置优势——香港位于中缅生物多样性热点地区的边缘，另一方面与香港特别行政区政府和社会公众向来重视生物多样性保护密不可分。

首先，香港非常重视生态系统的保护。香港在保护生物多样性方面所采取的主要措施之一，就是将具有重要价值的区域划为保护区，以全面保护当地的生态系统，原地保护野生动植物。其次，香港特区政府制定了行政措施，并与私有土地所有权人合作，保护极具价值的生态系统，免受不协调发展项目的影响。最后，除了生态系统保护外，香港特区政府非常重视物种及遗传资源的保护，并采取了包括加强执法、开展监测、实施物种恢复计划、控制外来入侵物种等多项保护措施。

为解决香港生物多样性面临的威胁，确定优先次序，为保护生物多样性提出行动纲领，2016 年，香港特区政府颁布了《香港生物多样性策略及行动计划（2016—2021）》（以下简称《计划》）。《计划》明确要求：生物多样性是生态系统提供生态系统服务的基础，在各行业的规划及决策中必须加入生物多样性的考虑因素。

《计划》提出了"加强保护措施、生物多样性主流化、增进知识、推动社会参与" 4 个领域共 23 项具体行动。就城市生物多样性而言，《计划》将提升城市生物多样性列为"生物多样性主流化"的重要行动之一，并制定了以下措施：①制定城市林务策略以实现可持续的城市景观，让公众更加了解城市生物多样性的重要性；②推广种植不同品种的花卉树木，并善用原生植物，让城市生物多样性更为丰富；③在城市景观设计中推广"地方生态"的概念；④促进公私营机构之间增进及分享有利于可持续城市生态系统的最新景观概念、设计及科技的知识；⑤探求机会提升市区公园在保育和推广生物多样性教育方面的价值；⑥在进行大型排水改善工程以及为新发展区规划排水网络时，采用活化水体的概念。

《香港生物多样性策略及行动计划（2016—2021）》是中国首个城市生物多样性战略与行动计划，对香港推动城市生物多样性主流化、增强城市生物多样性保护、推动城市生物多样性方面的知识宣传及提高社会参与度具有重要意义。

案例亮点 ·········

　　《香港生物多样性策略与行动计划（2016—2021）》是中国首个城市生物多样性战略与行动计划，该计划的颁布对城市生物多样性的保护起到了极大的宣传和指导作用。

适用范围 ·········

　　全国各大、中、小城市；城市生物多样性保护部门。

（高晓奇）

【案例 1-7】

深圳将生物多样性保护纳入城市政策法规

将生物多样性保护纳入城市政策法规，加强生物多样性保护立法，是城市生物多样性保护的重要手段。地方政府和城市管理者通过制定法律、法规，规范个人、团体对城市生物多样性的保护和可持续利用行为，为城市生物多样性保护提供法律保障。

案例描述

深圳市政府高度重视城市生物多样性保护，将生物多样性保护纳入城市政策法规，加强城市生物多样性保护立法，协调推进城市社会经济发展与城市生物多样性保护。

为使生物多样性保护有法可依，深圳市政府通过制定相关的法律、法规，约束和制止个人、团体破坏城市生物多样性的行为。

为加强城市水生生物多样性保护，深圳市政府自 2014 年 5 月 1 日起，将深港跨海大桥以东、粤港水域边界线以北至深圳陆域约 23 km² 的海域列入禁渔区，全面禁止任何形式的捕捞和养殖行为。禁渔措施有效地保护了深圳湾的生态环境和生物资源，深圳湾的生物多样性得以持续提高。

为了保护深圳市野生动物，2014 年 5 月，深圳市政府发布的《关于禁止猎捕陆生野生动物的通告》明确从 2014 年 7 月 1 日至 2019 年 6 月 30 日，全市范围内禁止使用任何工具猎捕陆生野生动物，对于非法猎捕野生动物情节严重者将追究刑事责任。2020 年 1 月，深圳市政府发布了重新修订的《关于禁止猎捕陆生野生动物的通告》，明确指出深圳市行政区域范围为禁猎区，自然保护区、自然保护小区、风景名胜区、森林公园、地质公园、湿地公园、郊野公园、市政公园为永久禁猎区域，上述区域之外的深圳市其他区域为期间禁猎区，禁猎期为 5 年，自 2019 年 12 月 18 日至 2024 年 12 月 17 日。深圳市政府颁布的禁猎举措，在一定程度上保护了城市野生动物多样性，将促使深圳市的野生动物种类和数量的增长。

为了保护深圳市的野生动物资源，深圳市政府于 2003 年通过了《深圳经济特区禁止食用野生动物若干规定》，于 2020 年 3 月 31 日通过了《深圳经济特区全面禁止食用野生动物条例》，以立法形式全面禁止食用野生动物，有效保护了深圳市动物多样性。

为了给城市生物多样性保护提供法律保障，近年来，深圳市政府先后制定、颁布了多个与生物多样性保护相关的政策法规。

2016 年，《深圳市国民经济和社会发展第十三个五年规划纲要》提出，要加大滨海湿地、河口、海湾等典型生态系统的保护力度，推动深圳湾湿地加入《拉姆萨尔湿地公约》。2016 年 10 月 1 日正式实施的《深圳经济特区绿化条例》指出，绿化工作应当坚持以人为本、因地制宜、植护并重、严格管理的原则，兼顾自然生态效应和景观功能效应。2018 年 7 月发布的《深圳市新型智慧城市建设总体方案》指出，要推进智慧环保建设，建立陆海统筹、天地一体、上下协同、信息共享的生态环境监测网络；加强生态资源等环境资源数据汇集。《深圳市可持续发展规划（2017—2030 年）》明确指出，建设宜居安全自然生态系统，优化生态安全屏障体系，构建生态廊道和生物多样性保护网络，提升生态系统质量和稳定性，为城市动物连续的栖息地和移动通道的建设、城市生物多样性栖息环境改善提供指导。2019 年 7 月实施的《深圳市绿道建设规范》指出，绿道植物优先选种生态效益高、适应性强、景观佳、管养要求低的乡土植物，维护植物群落的稳定，防止外来物种入侵。《深圳市海洋环境保护规划（2018—2035 年）》提出，将开展红树林湿地恢复工程，防止外来物种入侵等举措；将开展茅洲河、福永河等河口生态修复工程，建设王母河、鹏城河等河口湿地，种植适量的本土湿地植物。这一系列举措和规范促进了城市生物多样性的保护与可持续利用。

图 1-7-1 深圳罗湖区（谢世林　摄）

案例亮点

将生物多样性保护纳入城市政策法规，通过立法加强城市生物多样性保护。

适用范围

国内外开展城市生物多样性保护的城市。

（赵梓伊）

【案例 1-8】

生物多样性被纳入台湾绿色建筑评价指标体系

集群的建筑是城市最显著的特征，而建筑对生物多样性的影响也往往最大。城市建筑会侵占野生动植物的栖息地、阻断生物种群的交流通道、污染栖息环境等。为减轻建筑对环境的负面影响，"绿色建筑"的概念出现了。绿色建筑指在建筑的全生命周期内，最大程度地节约资源、保护环境、减少污染，为人们提供健康、适用、高效的使用空间，最大程度地实现人与自然和谐共生的高质量建筑。节约资源、节约能源以及回归自然是其设计理念。

我国台湾地区不仅重视节能减排，还将生物多样性的指标纳入了绿色建筑评价体系。

案例描述

台湾地区实行的绿色建筑评价体系按照建筑类型的不同分为 5 类：基本类型、住宿类型、社区类型、厂房类型以及旧建筑改善类型。除厂房类型未将生物多样性作为评价指标外，其余 4 种类型建筑均将生物多样性指标纳入了绿色建筑的评价体系。

以基本类型建筑为例，台湾地区绿色建筑评价分为 4 大项 9 类指标，4 大项为生态、节能、减排以及健康，9 类指标为生物多样性指标、绿化量指标、基地保水指标、日常节能指标、二氧化碳减量指标、废弃物减量指标、室内环境指标、水资源指标以及污水垃圾改善指标（表 1-8-1）。其中生物多样性指标占总分值的 9%。

具体来讲，生物多样性指标分为生态网络、小生物栖息地、植物多样性、土壤生态、照明光害防制、生物移动障碍 6 个部分。

（1）生态网络是指将绿地建成全面化的生态绿网系统，也就是将基地内许多绿地连成一个网状交流的绿地系统。

表 1-8-1　基本类型建筑评价体系

评估项目	评估指标		分值
生态（27分）	生物多样性		9
	绿化量		9
	基地保水		9
节能（32分）	日常节能	建筑外壳节能	14
		空调节能	12
		照明节能	6
减排（16分）	二氧化碳减量		8
	废弃物减量		8
健康（25分）	室内环境		12
	水资源		8
	污水垃圾改善		5
合计			100

（2）小生物栖息地是指规划特定的环境条件，成为某些生物类群赖以生存的区域。尤其鼓励保留或创造水生栖息地、绿块栖息地、多孔隙生物栖息地等。

（3）植物多样性是指培育植物物种、气候、空间的多样性，以创造多样化的生物栖息条件，并要求有原生植物、诱鸟和蝴蝶植物、多层次杂生混种绿化等设计。

（4）土壤生态包括表土保护与有机园艺两部分。表土保护必须在工程施工前将所有表土先移至其他场所集中保存，完成前再移入现场作为地面的覆盖表土，同时为避免因表土干燥威胁土壤微生物生存，必须将表土置于有洒水养护的阴凉处。有机园艺主要为尽量利用有机堆肥作为园艺肥料来源，避免使用农药、化肥、杀虫剂、除草剂等化学药剂，以免破坏土壤生物的生存；同时多采用厨余堆肥和落叶堆肥，其中，厨余堆肥应采用完全发酵的处理方式，落叶堆肥须将取自基地内的植物落叶，经堆放、搅碎、覆土、通气、添洒发酵剂、定期翻堆浇水等方式处理后方可使用。

（5）照明光害防制包括路灯眩光（应采用遮光罩等减少路灯夜间照明对

生物产生的影响）、邻地投光、闪光、建筑物顶层投光 4 个方面。

（6）生物移动障碍指标的选定是从减少生物移动障碍的角度，避免造成生物移动、栖息、交流障碍的人造环境设计。

其中，生态网络、小生物栖息地、植物多样性、土壤生态 4 项为加分项，而照明光危害防制和生物移动障碍为减分项，各项得分之和为生物多样性指标分值。

我国台湾地区自 1999 年开始推行绿色建筑评价体系，2003 年，生物多样性指标被纳入评价体系。此后每隔两年，生物多样性指标均有所调整，是 9 类指标中调整频率最高及幅度最大的。正是由于该指标不断地调整，使得生物多样性指标不断完善和提升并引领绿色建筑的发展，进一步促进了城市的生物多样性保护。

案例亮点

（1）生物多样性被纳入绿色建筑指标，对生物多样性主流化具有极大推动和宣传意义。

（2）评价体系引入减分机制是巨大进步。因各类建筑活动对生物多样性负面影响巨大，而绿色建筑的发展理念为在满足当代人使用需求的前提下，尽可能地减少建筑全生命周期中对于自然环境的负面影响。"负分"的设定符合评价的客观原则，即实事求是的原则。包含"负分"设定的绿色建筑评价体系更能体现出建筑业对生物多样性负面影响程度评价的"原真性"。

适用范围

国内外城市、建筑公司等企业；新建筑的设计；旧建筑的改造。

（高晓奇）

【案例 1-9】

浐灞将生物多样性作为城市竞争力指标

　　近些年，城市规划师们开始推广"自然城市化"和"自然设计"，以此来阐释在城市景观设计中，如何将绿化和生物多样性融入基础设施，甚至有些城市在规划之初就将生物多样性作为城市的核心竞争力，努力将生物多样性融入城市建设中。

案例描述

　　西安浐灞生态区位于西安城区的东部，南依秦岭北麓少陵塬、白鹿塬、同仁塬，北傍渭河，浐河、灞河从其境内穿过，是连接秦岭国家生态功能区和渭河生态带的城市纽带。浐灞是全国首个以生态区命名、西北首个获得国家级生态区称号的开发区，也是名副其实的将生物多样性作为核心竞争力进行开发建设的城市。

图 1-9-1　西安浐灞生态区远景（张风春　摄）

（1）引入先进的生物多样性保护理念。在城市建设开始之前，也就是浐灞生态区规划设计之初，浐灞即开展了城市生物多样性基线调查。调查重点是物种清查，对区内植物、动物进行编目。首先，了解区内国家重点保护物种、具有经济价值、科学研究价值和景观价值的物种，为后续的监测提供了背景信息，为后来城市建设过程中的物种选择与生物多样性保护打下基础，确保城市建设中的生物多样性保护工作能够在系统数据支撑下进行。其次，浐灞生态区将生物多样性保护的理念贯穿城市建设的全过程，突破以往的单一生态建设理念，在生态区的设计、施工、管理过程中都将生物多样性作为一个重要的内容加以考虑。最后，浐灞生态区在生物多样性保护方面实现了全区一盘棋。例如，生态区内的所有绿化，都由浐灞生态区生态环境局统一规划、统一施工、统筹管理，包括社区、工厂、学校、机关等绿化的树种配置与布局也由浐灞生态区生态环境局根据总体规划统一审批。在总体规划下，全区绿化物种的选择、配置以及生态系统的类型与布局，实现了全区一体化。

（2）科学保护，规划先行。2004 年浐灞生态区成立后，随即开始编制城市生物多样性的保护规划。浐灞在全面分析自身生态特点、开发现状、规划布局以及生态系统服务的基础上，将全区划为 6 个生物多样性保护与利用功能区：北部灞渭湿地生物多样性保护提升区、中部浐灞河流湿地生物多样性恢复重建区、中东部广运潭生物多样性迁地保育保存区、浐灞城市生物多样性保育重建区、中南部三角洲湿地生物多样性保护区和南部台塬森林湿地生物多样性保护恢复区。

（3）尊重自然，减少人为干预。浐灞生态区在建设过程中，秉承区内区外一体化，区内与自然一体化的思想，尽可能利用自然、维护自然、尊重自然。在地理位置上，浐灞生态区是一个城市（西安）内部的生态区，范围包括西安市几个行政区，与周边其他几个行政区接壤，河流、湿地、自然生态系统等都存在跨界的情况。为此，浐灞生态区在城市开发建设中尽可能地做到尊重自然，确保自然生态系统和栖息地的完整性以及生物多样性廊道的畅通。此外，浐灞还特别在西安浐灞国家湿地公园中心区建立了野生区域（保持其原始状态）以及原有村庄保留区等。在物种选择方面，以当地的自然生态系统和土著物种为基础。

图 1-9-2　浐灞的湿地生态系统（张风春　摄）

　　（4）注重能力建设。为协调环境保护与经济发展的关系，浐灞生态区管委会成立之初就开创性地成立生态管理局，统筹区域生态建设和管理，打破了以往多部门条块状的管理模式，形成了统一建设、统一监管的机制。近年来，浐灞生态区又设立了湿地管理办公室、水环境管理中心等专业管理机构，建立环境监测中心，围绕提升监测能力和监测服务水平、科研能力等方面开展工作，为生物多样性政策、制度的有效制定和落实奠定了基础。

　　对于浐灞生态区而言，生物多样性保护不是目的，实现生物多样性价值的最大化才是根本目标。浐灞生态区充分利用生物多样性提供的各种服务，推动城市的国际化进程。借助城市生物多样性优势，浐灞生态区已先后建设或举办欧亚经济论坛、世界园艺博览园、领事馆区、金融商务区、摩托艇世锦赛、世界园艺博览会、国家湿地公园、国际公路自行车赛等国际性场所或活动，城市的竞争力不断提升。

案例亮点

（1）浐灞生态区将生物多样性保护与利用作为城市发展的核心竞争力。

（2）浐灞生态区将生物多样性价值的最大化作为生物多样性保护的目标，使浐灞生态区的生物多样性走上了可持续发展的道路。

适用范围

开展生物多样性保护的城市；城市市政管理部门；企业、学校等。

（高晓奇　张风春）

第 2 章

调查监测及外来入侵物种防控

　　开展生物多样性调查，掌握生物多样性本底，是进行生物多样性保护的重要基础。城市作为已经受到人类高度干扰的景观，由于历史数据的缺乏，在摸清生物多样性本底方面存在诸多困难。外来入侵物种是指物种由原分布区通过有意或无意的人类活动引入并形成了自我再生能力，给当地的生态系统或景观造成明显损害或影响的物种。城市化进程加速了城市间的经济贸易、旅游等活动，更容易导致外来物种入侵，如何防控外来物种入侵已经成为城市生物多样性保护面临的问题之一。

【案例2-1】

城市环路——城市生物多样性的"年轮"

由于城市建设伴随剧烈的人为干扰，因此，直接对当前状态的城市开展调查，其结果无法反映城市生物多样性的本底状况。如何在缺乏历史数据的情况下评估城市生物多样性的本底状况，成了城市生物多样性保护面临的难题之一。

案例描述

为研究城市化对生物多样性的影响，进一步保护城市生物多样性，2016年，北京市对城区植物多样性开展了调查。

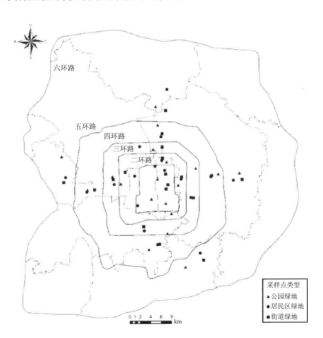

图 2-1-1　北京植物多样性调查点位分布

以环路向外扩展是北京城市化的典型特征，因此，参照空间代替时间的思路，调查以城市环路为梯度，选择建成区各个环路内公园、街道和居民区 3 种主要绿地类型，采用机械布点法进行调查。从城市中心向东、西、南、北 4 个方向划线（即"两轴"——沿长安街的东西轴和与之垂直的南北轴），分别在 4 个方向选择合适的公园、街道、居民区进行植物多样性调查（其中二环内不同绿地类型分别选取 3 个样点），选取公园 19 个、居民区 19 个、道路 19 条，共调查 114 个乔木样方、456 个灌木样方、456 个草本样方以及 57 条样带。

图 2-1-2　北京植物多样性野外调查（高晓奇　摄）

根据调查，北京城区共记录 536 种植物，隶属 319 属 103 科。其中，菊科、蔷薇科、禾本科和豆科为多种科，李属和蒿属为多种属。城区植物中有

175 种为引进种，其中 95 种为国内引进种，占总数的 17.7%，80 种为国外引进种，占总数的 14.9%。

调查显示，城市植物同质化较高。根据调查，不同城市化梯度之间植物的相似性较高，道路绿地和公园绿地相似性指数最高的均为三环到四环和四环到五环；居民区绿地相似性指数最高的位于三环到四环和四环到五环。随着城市化梯度的递增，城市绿地植物中乔木和灌木的物种丰富度及物种多样性指数呈现出先下降后上升的趋势，而草本植物的变化规律不明显；植物物种均匀度随着城市化梯度的增加无明显变化规律。不同植物在各环路内的分布及出现频率不同，部分乔木同时出现在二环内和五环到六环，且在这两个环路内出现频率的平均值大小相差不大，大多数灌木在四环到五环内出现的频率相对较低，草本物种数明显高于乔木和灌木且在各环路内均有较高的集中分布。

该调查摸清了北京城市植物多样性现状，并就不同城市化进程下北京城市绿地植物的多样性特征进行比较研究，揭示了城市发展对植物多样性的影响，为推动城市健康发展、提高北京城市生物多样性的保护与管理水平提供了依据。

案例亮点

以空间代替时间的方法开展了城市化对植物多样性影响的调查，为城市生物多样性本底调查提供了新的可借鉴方式。

适用范围

全国以环形干道为梯度进行建设的城市。

（高晓奇）

【案例 2-2】

生物多样性调查为深圳城市规划提供数据支撑

由于城市生物多样性的本底数据不清，使得大部分管理者无法掌握城市重要生态系统、物种及遗传资源的种类和分布，可能导致重要的物种或生态系统在城市建设过程中被无意破坏。因此，开展生物多样性本底调查，为城市建设规划提供数据支撑应成为城市管理的基本内容之一。

案例描述

深圳市自 1980 年 8 月 26 日成为我国首个经济特区以来，经过 40 多年的建设，社会经济发展迅速，由一个滨海渔村一跃成为国际性大都市。深圳市在城市建设和经济发展的同时，生物多样性保护也走在了前列。由于重视城市生物多样性的保护与可持续利用，深圳市已成为快速城市化中拥有优良自然生态系统的典型代表。

2013 年，深圳市启动野生动植物资源调查，为科学规划、保护与管理野生动植物资源提供了基础数据和重要依据。

该调查以深圳市域为主，范围覆盖全市有重要生物多样性保护地位的自然保护区，如广东内伶仃岛—福田国家级自然保护区。在重点区域调查及面上调查的基础上，还针对重点物种进行了专项调查。调查基本摸清了全市动植物资源特别是珍稀濒危及重点保护动植物资源的状况，对所调查物种的分布状况、致濒因素、保护管理现状、利用状况和研究状况等进行了详细记录和分析研究。此外，调查针对珍稀濒危物种及重要资源物种开展了 DNA 条形码的研究工作。

调查结果显示，深圳市有野生维管植物近 2 100 种，珍稀濒危及重点保护野生植物 164 种；发现新记录属 3 属（每属各发现 1 种），分别为南山藤属（南山藤 *Dregea volubilis*）、地宝兰属（地宝兰 *Geodorum densiflorum*）和叉柱兰属

德基叉柱兰 *Cheirostylis derchiensis*）；发现新记录种 7 种，分别为紫丹 *Tournefortia montana*、隔山香 *Ostericum citriodorum*、异色线柱苣苔 *Rhynchotechum discolor*、崖柿 *Diospyros chunii*、宽叶十万错 *Asystasia gangetica*、南方碱蓬 *Suaeda australis* 和小草海桐 *Scaevola hainanensis*；此外，还记录了脊椎动物 498 种（含亚种），其中，哺乳类 47 种、鸟类 338 种（含亚种）、爬行类 59 种、两栖类 24 种、鱼类 30 种。

根据不同的植被类型，深圳市调查了市域植被的主要建群种和优势种，完成了市域内珍稀濒危及重点保护植物的区域分布调查，确定了各珍稀濒危及重点保护植物种群分布状况、生存状况等，并完成了田头山黑桫椤 *Gymnosphaera podophylla*、塘朗山仙湖苏铁 *Cycas szechuanensis* 等 12 个重点群落的分析，制作了市域重要植物 DNA 条形码。另外，调查还发现，深圳市东部地区保存着较丰富的珍稀濒危保护植物，西部则较少。

2017 年，深圳市启动了陆域生态系统调查评估项目，该项目针对深圳市快速城市化过程中人类社会经济活动与环境相互作用剧烈的特点，以社会—经济—自然复合生态系统理论为基础，以格局—构成—过程—服务—问题为总体框架，对深圳市生态系统格局、构成和过程及其演变开展调查，并以此为基础，评估生态系统的功能及典型生态系统问题。这是深圳市第一次开展全面、系统的城市生态系统的调查与评估。项目运用了多光谱、多传感器无人机—地面协同分析技术，三维激光扫描成像技术，人工智能空间耦合特征模拟技术。

通过调查，深圳市不仅掌握了全市动植物资源现状与动态变化，包括种群数量、分布和生境状况，还以此为基础建立了深圳市动植物资源数据库，为未来深圳市建设划出了生物多样性保护的敏感区域与重点保护范围。同时，深圳市还建立了野生动植物资源管理系统，实现了以现代化手段进行动植物资源管理，并编制了专著——《深圳市国家珍稀濒危重点保护野生植物》，为城市生物多样性保护和宣传提供了数据和材料支撑。

案例亮点

（1）全面掌握城市生物多样性的本底数据。包括动植物资源的分布情况、种群状况、受危胁因素和外来物种情况，为未来城市建设划出了敏感区域与重点保护范围。

（2）调查体现了"重中之重"的原则。在重点区域调查及面上调查的基础上，针对重点物种进行了专项调查。

（3）利用现代化手段对特殊物种建立数据管理渠道。针对珍稀濒危物种及重要资源物种开展 DNA 条形码的研究工作，并建立管理系统。

（4）以调查评估的成果产出扩大生物多样性保护的宣传效果。以调查与评估的数据为基础，撰写了《深圳市国家珍稀濒危重点保护野生植物》《深圳陆生脊椎动物》等专著，使更多的读者尤其是当地居民可以对本地珍稀物种有较为清晰的了解，极大地促进生物多样性保护。

适用范围

国内外城市生物多样性调查。

（郭宁宁）

【案例 2-3】

成都市多措并举保护生物多样性

城市生物多样性对于城市发展、城市生态文明建设具有重要意义。在中国快速城镇化进程中，城市生物多样性保护与城市扩张、城市现代化之间的矛盾日益突出，城市建设需要关注城市经济发展与城市生物多样性保护间的平衡。

案例描述

成都市生物多样性丰富，除了其得天独厚的地理优势、自然条件，也得益于成都市政府所采取的生物多样性保护措施。

（1）积极开展生物多样性本底调查。近年来，成都市实行了成都市野生植物资源调查、成都市鸟类资源调查、成都市湿地资源调查、成都野生动植物栖息地森林资源调查、成都生态旅游资源调查、成都市十大名木古树调查评选等工作，掌握了成都市生物多样性本底，为城市生物多样性保护措施和政策的制定提供了依据。

（2）建立成都市野生动物救护中心。2006 年，成都市林业和园林管理局在成都动物园建立成都市野生动物救护中心，救护离开栖息地的野生动物并及时放归救护成功的野生动物。截至 2018 年 11 月，已累积救护野生动物 200 种 2 030 只，放归了小熊猫 *Ailurus fulgens*、猕猴 *Macaca mulatta*、藏酋猴 *Macaca thibetana*、黑熊 *Ursus thibetanus*、普通鵟 *Buteo japonicus* 等国家重点保护野生动物，及白头鹎 *Pycnonotus sinensis*、珠颈斑鸠 *Streptopelia chinensis* 等数十只国家"三有"保护野生动物。建立了成都大熊猫繁育研究基地，用于大熊猫迁地保护，截至 2018 年，成都大熊猫繁育研究基地已经有 196 只圈养大熊猫人工繁殖种群。

图 2-3-1　成都大熊猫繁育研究基地（赵梓伊　摄）

（3）加强城市环境整治，改善生物栖息地质量。成都市先后实施了成都环城生态区生态修复项目、"三治一增"（铁腕治霾、重拳治水、科学治堵、全域增绿）环境治理工程、天府绿道建设以及"数智环境"成都模式，成都生态环境得到大幅提升。2018 年，成都市人均公园绿地面积达 14.5 m^2，为野生动植物提供了良好的栖息环境。成都市建设了包括白鹭湾城市湿地公园在内的 10 个湿地公园，这些湿地公园为水鸟提供多样化的栖息环境，其中白鹭湾湿地聚集了大量鹭科鸟类，青龙湖湿地公园记录到野生鸟类 211 种。

（4）开展多样化的生物多样性保护宣传活动。以一年一度的湿地日、世界动植物日、爱鸟周、成都地区国际观鸟大赛、野生动物保护宣传月等活动为契机，持续开展主题宣教活动，包括保护生物多样性、拒绝非法野生动植物交易的科普宣教活动，成都市植物园的生物多样性保护之旅，成都大熊猫繁育研究基地的生物多样性保护宣传活动，生物多样性科普知识展览等，这些宣传教育活动提高了市民的生物多样性保护意识，让市民积极参与到生物多样性保护中来。

（5）注重生物多样性教育。针对大、中、小学校的青少年，广泛开展生态环境保护知识培训、夏令营、校外实践课堂、亲子游等寓教于乐的保护教育活动，提高公众对生物多样性的认识和保护意识。

成都市通过多项举措，保护了城区生物多样性。截至 2018 年 5 月，成都市区已记录高等植物 2 400 多种，脊椎动物 300 余种。

案例亮点

（1）积极开展城市生物多样性本底调查，了解城市生物多样性现状以及动态变化。

（2）实行强有力的环境治理工程以及生态建设工程，为生物提供良好的栖息环境。

（3）加强野生动物救护工作，加强濒危物种保护工作，提高城市生物多样性。

（4）开展多样化的生物多样性保护宣传教育活动，调动市民参与生物多样性保护的积极性。

适用范围

开展生物多样性保护的城市。

（赵梓伊）

【案例2-4】

"城市之肺"——上海森林生态系统网络建设及监测

城市森林具有保育本地物种、维护自然生态、抵御有害生物侵袭、降低环境污染、丰富城市景观等功能，对城市人居环境的改善和城市的可持续发展具有重要的作用。随着城市快速发展，城市森林面积及质量都出现了一定程度的减少和下降。要提高森林生态系统的质量，更好地发挥其改善城市环境和营造生态游憩空间的作用，亟待加强城市森林生态系统保护。

案例描述

上海是中国城市化水平较高和人口密度较大的国际化大都市，居民对城市森林和绿地有着极大的需求。为了提高城市森林生态系统的质量和服务，上海市开展了森林网络延伸完善以及动态监测。

2002年，上海市政府批准实施《上海市城市绿地系统规划（2002—2020年》，这对城市森林生态系统的构建起到了巨大的推动作用。《上海城市森林规划》《上海市林地保护利用规划（2010—2020年）》等一系列专业规划相继出台，水网化、林网化相结合的理念得以实施，实践中注重城市森林的布局均衡性、功能多样性，推动了水源涵养林、沿海防护林、通道防护林、污染隔离林、大型生态片林等生态公益林建设，树种配置合理，林种比例协调，增加了城市森林生态系统的稳定性。全市还确定了包括淀山湖湿地保护区、黄浦江上游水源涵养区、佘山国家森林公园区、海岸带风景区、横沙岛生态岛区、岛屿湿地保护区、金山三岛自然保护区和外环线外侧核心林建设区及新城、中心城镇环城林带在内的8个生物多样性敏感区，重点对此8个敏感区进行生态系统完善。

此外，上海市还建立了森林长效管理机制。2008年起，林木绿化率指标纳入各级领导班子和领导干部绩效考核内容；2012年起，市政府与区政府签订森林保护和发展目标责任制。目前，上海市共建立林业养护社 175 个，在岗人数 1.6 万人，养护公益林面积约占全市公益林面积的 50%，既管好了林地林木，又增加了就业岗位，促进了居民增收，森林资源效益也得到充分发挥。上海现共有松江佘山、崇明东平、上海海湾和上海共青 4 座国家森林公园，以及 15 块千亩以上的大型片林。

目前，上海森林覆盖率已从最初的 3%增加到 14.04%，基本形成了以中心城区为主体、郊区新城为补充、生态林地和防护林地为外围支撑的"环、楔、廊、园、林"城市绿地格局，全市生态系统安全不断巩固，生态系统功能明显提升。

而仅仅增加森林覆盖率以及对其进行养护工作并不能充分保障森林健康，为了提高城市森林的质量，监测是必要步骤。

城市森林监测网络的构建是上海提高森林生态系统质量的重要环节。"十三五"期间，上海市依据自然地理特征和社会经济条件以及城市森林生态系统的分布、结构、功能和生态系统服务转化等因素，建成具有 12 个观测站的森林生态系统定位观测网络，实现"多功能组合、多站点联合、多尺度拟合、多目标融合"的网络观测和研究目标。目前，上海市已经初步建成整体布局呈现从中心城区到城郊接合部再到远郊区的观测梯度，其中上海长宁区中山公园是上海城市森林生态站建成的第一个观测点，也是国家林业和草原局生态观测网络 100 多个观测站中首个设在特大型城市中心城区公园的观测点，另外，在浦东外环林带金海段和崇明东平国家森林公园各设有 1 个观测点。上海城市森林生态系统监测网络对城市森林系统，包括生物多样性在内的等近百项指标进行观测，全方位记录森林的生物多样性和城市环境的变化，为上海森林生态系统质量和服务的提升提供数据支撑。

案例亮点

（1）推行及完善森林长效管理机制。将森林指标纳入对各领导班子和领导干部的绩效考核。

（2）既养林又养人，且通过反馈机制促进了森林的建设。养林工作增加了就业岗位，促进了人民增收，增加了社会稳定，使社会反过来更加注重城市森林的建设。

（3）结合本地自然地理特征及分布特点，构建森林生态系统监测网络，实现"多功能组合、多站点联合、多尺度拟合、多目标融合"的网络观测。

图 2-4-1　上海海湾国家森林公园（冯春婷　摄）

适用范围

国内外森林资源丰富的城市；有志于建设先进"森林城市"的城市；城市内的园区、公园、植物园等。

（郭宁宁）

【案例 2-5】

黄梅县蝶类资源及其多样性的监测

蝶类在漫长的进化过程中，形成了与气候要素间的稳定关系，蝶类对栖息地的寄主植物和温湿度等环境因子灵敏性较高，能够快速响应生境结构的变化，对环境的反应速度超过鸟类和其他昆虫，是目前国际上公认的高灵敏性环境变化指示生物。蝶类的种类和多样性分布对于生态环境质量的监测具有重要意义。

案例描述

黄梅县位于湖北省大别山南缘，地貌和气候复杂多样，人为干扰较小，孕育了丰富而又独特的生物多样性。为探究黄梅县在城市化进程中，蝶类资源的存在与分布情况，湖北省生态环境厅组织对黄梅县主城区蝶类多样性开展本底调查。调查主要采取样线（踏查）法，样线法涉及居民地、草丛、菜园、果园、旱地、湿地等生境。通过对黄梅县城区不同生境蝶类的调查，共采集并鉴定出蝶类 8 科 30 种，共 559 头，其中蛱蝶科种类为 10 种，灰蝶科为 7 种，凤蝶科 5 种，弄蝶科 3 种，粉蝶科 2 种，眼蝶科、斑蝶科、珍蝶科种类最少，均为 1 种。此次调查发现，黄梅县城区蝶类资源十分丰富，珍稀品种和观赏度高的种类包括蓝凤蝶 *Papilio protenor*、翠蓝眼蛱蝶 *Junonia orithya*、曲纹蜘蛱蝶 *Araschnia doris*、大红蛱蝶 *Vanessa indica*、斐豹蛱蝶 *Argynnis hyperbius* 等，其中蛱蝶科种类最为丰富，灰蝶科和凤蝶科次之。

黄梅县环保部门为了保护蝶类采取了如下措施。

（1）加大蝶类寄主植物的种植。黄梅县主城区黄梅镇、濯港镇、下新镇等均种植了大量蝴蝶取食的寄主植物，如凤蝶科凤蝶属的芸香科柑橘、粉蝶科的十字花科植物、豆粉蝶属的豆科植物。

（2）加强果树和蔬菜种植总体规划。对菜农和果农的种植进行整体规划，减少菜农和果农无序种植对自然环境的改变，恢复黄梅县城区蝶类栖息生境。

（3）加大城区公园的建设。在城区公园种植蝶类取食花卉植物，增加公园水域面积，提高黄梅县蝶类城区取食和栖息生境。

（4）加强多部门的协调和合作，组建由环保部门牵头的蝶类多样性调查队伍，定期开展蝶类多样性监测。

图 2-5-1　黄梅县蝶类多样性（吴刚　摄）

案例亮点

（1）城区发现了尾突突变的雌性蓝凤蝶，丰富了湖北黄梅县蝶类多样性。

（2）通过城区公园种植寄主植物，提高蝶类栖息生境，保护城区蝶类资源。

（3）加强部门的协调和合作，定期开展蝶类多样性监测。

适用范围

城区蝶类多样性和其他珍稀昆虫的保护。

（吴刚　张云慧）

【案例 2-6】

"生态卫士"——蔡甸区天敌昆虫多样性保护

蔡甸区地处武汉城区西部，是汉江与长江汇流的三角地带，区内植物资源十分丰富，分布着数量庞大、种类繁多的天敌昆虫，对农林生态系统中的害虫能够起到重要的控制作用。蔡甸区通过完善天敌引进模式和植物"庇护所"策略保护天敌昆虫，提高天敌昆虫多样性，对城市生物多样性保护起到重要作用。

案例描述

天敌昆虫对于维持生态平衡、保持生物多样性起着重要作用。武汉市蔡甸区开展了天敌昆虫多样性本底调查，主要采取样线踏查法，样线生境包括公园、居民区、草丛、菜园、果园等。通过对蔡甸区不同生境天敌昆虫的调查，共采集并鉴定出天敌昆虫 10 科 18 种，其中瓢甲科 4 种，蝽科 2 种，猎蝽科 2 种，食蚜蝇科 2 种，蜻科 2 种，螳科 2 种，草蛉科、蚁蛉科、螳蛉科、食虫虻科均为 1 种。此次调查还发现，蔡甸区捕食性天敌昆虫资源比较丰富，包括龟纹瓢虫 *Propylaea japonica*、丽草蛉 *Chrysopa formosa*、中华大刀螳 *Tenodera sinensis*、黄斑粗腿管食蚜蝇 *Mesmbrius flavipes*、红彩真猎蝽 *Harpactor fuscipes* 等。

蔡甸区相关部门采取了多项措施保护天敌昆虫多样性。

（1）减少城区公园灯光干扰，改善天敌昆虫栖息地环境。加大繁育城区嵩山森林公园内混交林种植面积，限制城区森林公园游客数量，降低森林公园灯光干扰天敌昆虫的生长和繁殖，改善天敌昆虫栖息地。

（2）加大城区 "庇护所"植物种植面积，增加天敌昆虫食料。在小余湾、胡湾、桥头咀等城区菜园和果园种植大量蜜源植物，为越冬期后羽化的天敌昆虫成虫提供营养和食物来源，提高城区天敌昆虫数量和多样性。

（3）加强公众宣传，倡导合理用药。加大宣传绿色环保知识力度，倡导施用植物源农药、微生物源农药，减少传统化学农药对天敌昆虫生物多样性的危害，错开天敌昆虫的繁殖期进行施药等。

（4）完善天敌引进和释放模式，提高天敌昆虫控害作用。蔡甸区政府对城区菜园、果园和公园内植物主要害虫，因地制宜，合理引进和释放天敌，提高天敌昆虫的控害能力。

图 2-6-1　武汉市蔡甸区天敌昆虫（吴刚　摄）

案例亮点

（1）繁育城区森林公园内混交林种植面积，限制城区森林公园游客数量，改善天敌昆虫栖息地环境。

（2）加大城区天敌"庇护所"植物种植面积，增加天敌昆虫食料，保护天敌昆虫生物多样性。

（3）完善城区天敌引进和释放模式，提高天敌昆虫控害作用。

适用范围

城区天敌昆虫和其他节肢天敌动物多样性保护。

（吴刚　黄峰　李雪梅）

【案例 2-7】

守护三峡水库生态安全——宜昌市夷陵区"水葫芦之战"

外来生物入侵被认定是导致全球生物多样性急剧下降的重要因素之一。宜昌市夷陵区是三峡工程坝区库首重要区域，也是遭受生物入侵较为严重的区域之一，目前入侵宜昌市夷陵区各种生态系统的外来有害物种涉及植物、动物和微生物等。外来物种一旦形成入侵，往往会产生较大的负面影响，不但对社会经济和人类健康产生危害，而且会破坏本地的生物多样性，因此，开展对入侵生物的调查以及防控具有重要意义。

案例描述

长江三峡库区一直以来都是我国较为重要的植物资源以及相关物种基因的信息库，近年来由于水葫芦（*Eichhornia crassipes*）的入侵，夷陵区黄柏河曾引发严重的水葫芦灾害，不仅造成严重的水污染，也影响到了居民的生活环境。又因水葫芦的大量聚集堵塞了河道，对库区的行船安全造成隐患，严重影响了夷陵区城区的生态环境。

为了有效防控水葫芦的危害，夷陵区采取了一系列的宣传、防控措施。

（1）夷陵区政府文明办加大了对外来入侵物种危害的宣传和相关防控技术的普及。文明办采用相关部门与人民群众合作模式，调动社会力量，做好相关入侵物种的全面防控工作。

（2）夷陵区政府组织开展河湖保洁专项行动。通过"定范围、定任务、定人员"的方式，多措并举，全面清除河道滋生的水生植物，保障行洪断面安全，改善水环境质量。

（3）夷陵区政府组织制定全面的监测制度与监测计划，相关部门开展监管工作，及时报告，不断更新入侵生物的动态，及时制订相关防控措施。

（4）运用物理、机械作用干扰入侵生物的生长、发育及繁殖，依靠人工防治、化学防治和生物防治技术，通过调节、抑制水葫芦的生长发育，阻断其繁殖功能，进而防止水葫芦的扩散。

（5）加强政府专项资金投入，不断完善相关设施的建设及水葫芦防控技术手段的研究，维护夷陵区的生态安全。

图 2-7-1　宜昌市夷陵区水葫芦防控（吴刚　摄）

案例亮点

（1）加强组织宣传，提升公众参与防治水葫芦意识。

（2）建立监控观察点，健全多项水葫芦防治措施，防止三峡库区水葫芦的蔓延。

（3）构建三峡库区水葫芦监测制度和信息报告制度，制定应急预案，加强多部门联合指导防控。

适用范围

水葫芦等水生外来入侵植物的暴发区域，国内区域性外来入侵植物的防控。

（吴刚　何帅洁）

【案例 2-8】

西咸新区——沣西新城外来入侵昆虫的防控

入侵昆虫会对当地的生物多样性、农林业生产及人类健康造成危害。美国白蛾 *Hyphantria cunea* 食性杂、适应性强、繁殖量大，具有暴食性、传播途径广、危害严重和防治难度大等特点，2003 年已被国家环保总局列入中国首批 16 种外来入侵物种名单。其危害严重时能将寄主植物叶片全部吃光，并啃食树皮，严重影响林木生长，还会侵入农田，危害农作物，造成农作物减产，甚至绝收。美国白蛾原产于北美，1922 年在加拿大首次发现，后迅速蔓延至世界各地。1979 年在我国辽宁首次发现，很快蔓延至山东、陕西、河北、天津、北京等地，近几年越来越严重。尤其是 2018 年北方高温干旱，虫灾更为严重。加强对美国白蛾的防治，对保护城市森林生态系统功能及服务有重要意义。

案例描述

沣西新城位于西安与咸阳两市之间，面积为 143 km²。2018 年秋季，在沣西新城发现了美国白蛾，涉及 3 个镇 23 个行政村，共发现美国白蛾幼虫网幕 251 处。为了有效防控美国白蛾的危害，沣西新城采取了一系列措施。

图 2-8-1　美国白蛾幼虫和成虫（曹亮明　张彦龙　摄）

（1）政府主导。陕西省西咸新区开发建设管理委员会办公室印发的《西咸新区美国白蛾防控方案（2019—2021 年）》，从总体要求、防控目标任务、防控措施和保障措施 4 个方面制定防控方案，实行"以无公害防治措施为主体人工物理与药剂防治、飞机防治与地面防治、专业队防治与群众防治、白蛾防治与其他害虫兼治相结合"的防控策略。

沣西新城成立美国白蛾防控工作指挥部办公室，办公室统筹各个相关单位，抓好落实，做好普查防治。严格落实管控责任，督促所管辖的单位和绿化项目切实履行第一责任；强化监督，确保全面打赢美国白蛾防控工作歼灭战。防控指挥部办公室加大督促检查力度，对工作不力、推诿扯皮的现象进行督办、通报；对组织领导不力，没有落实预防和除治措施，造成灾害扩散蔓延和重大损失的，追究有关单位和人员的责任。

（2）做好宣传培训。陕西省西咸新区政府利用广播、电视、短信、微信、宣传册等多种形式，广泛宣传美国白蛾等重大林业有害生物防控工作的重要意义，普及美国白蛾防控知识，提高全民的责任意识和查防、联防联控的积极性；召开美国白蛾防控技术培训会，邀请相关专家进行技术讲解，介绍美国白蛾的防控形势、规模及危害、识别特征、防控时间节点、防控技术规范等。

（3）加强能力建设。2019 年，西咸新区沣西新城投入资金近 100 万元采购了包括害虫防治所需农药、虫情测报的显微镜和测报工具箱、GPS（PDA）、无人机（便携式）和防护服，以及无害化防治的太阳能杀虫灯、美国白蛾诱捕器诱芯等美国白蛾防控物资，提高新区害虫预测预报以及防治能力。

（4）做好监测与害虫防治。监测包括确定监测普查方法、检验鉴定和信息上报。在防治措施上，确定"加强检疫封锁，强化监测调查，普防第一代，查防第二代，监控第三代"的防控措施。强化检疫工作，对调入和调出的苗木、涉木制品检疫检查率达到 100%。采用多种手段，同时进行疫情除治，包括喷药防治、剪除销毁网幕、无人机辅助防治以及熏蒸除害，有效防止了美国白蛾的扩散。

案例亮点

（1）政府主导外来入侵昆虫防控。入侵昆虫防控牵涉的部门和单位较多，工作难度较大，因此政府集中领导，成立防控工作指挥办公室，能有效地协调各部门的力量。

（2）及时培训，信息公开。城区的外来入侵昆虫防控涉及人员和部门较多，需要有一定专业技术的人员，及时培训可提高人员专业素质；信息公开能保证各部门的分工协作，保障百姓的知情权，提高政府公信力和防控效率。

（3）新技术使用。在外来入侵物种防控中，注重能力建设和新技术的使用，包括使用无人机飞防及大量的非化学防治方法，对环境友好，减少了农药污染。

适用范围

城市外来入侵害虫的防治；保护区、森林公园等外来入侵害虫防治；地方政府等开展外来入侵昆虫的防治。

（肖能文）

【案例 2-9】

北京"三位一体"防控豚草入侵

豚草 *Ambrosia artemisiifolia*，别名艾叶破布草、美洲艾，属菊科一年生草本植物，起源于北美洲索诺兰地区，是一种广泛传播的世界性有害杂草。豚草具备很强的适应性，耐盐碱、贫瘠、干旱，极易形成优势群落，挤压当地物种生存空间，已被列入《中国第一批外来入侵物种名单》。

案例描述

豚草于 20 世纪 80 年代传入北京，主要分布在怀柔、密云、门头沟、房山、海淀等地区。豚草生命力极其旺盛，侵入农田的豚草，在密度很低的情况下即可导致农作物大幅度减产。豚草一旦入侵便可迅速生长并形成优势种群，影响生物多样性。同时豚草花粉是夏秋季过敏原之一，危害人体健康。北京市一直将豚草列为重大突发植物疫情进行检疫控制，并采取了多项措施。

（1）多举措联合防控。2017 年，北京市植物保护站分别于 6 月生长期和 8 月开花期期间在全市范围内进行了 2 次豚草普查行动，圈定豚草发生地点和范围，并组织力量进行人工铲除。2009 年开始引进苍耳柄锈菌进行生物防治。在不危害其他植物的前提下，苍耳柄锈菌可导致 30%的豚草植株死亡，减少 50%以上豚草生物量，截至 2017 年，苍耳柄锈菌对豚草的侵染率达到 70%。同时，北京市植物保护站还引入天然植物源除草剂——壬酸，通过破坏细胞膜使植物细胞很快丧失生理功能，可使 85.7%的豚草不产生种子，残存植株结籽的少量种子出苗率也大大降低。

（2）虫草结合。引入豚草卷蛾 *Epiblema strenuana* 和广聚萤叶甲 *Ophraella communa* 两种豚草天敌。中国农业科学院植物保护研究所研究员、生物入侵防控创新团队首席科学家万方浩自 1987 年开始寻找天敌昆虫，针对豚草卷蛾选取 15 科 37 种植物、广聚萤叶甲选取 14 科 53 种植物进行寄主专一性试验。

通过连续多年的野外跟踪观察（豚草卷蛾 25 年、广聚萤叶甲 10 年），确证其对农作物、果蔬、观赏植物及其他有益生物高度安全，证实了两种天敌昆虫的寄主专一性，豚草卷蛾可使豚草种子数量降低 20%～30%，广聚萤叶甲对豚草的控制效果达 95% 以上。除引进天敌昆虫防治豚草，万方浩团队还首次通过紫穗槐、小冠花、杂交象草等 10 余种具有经济或生态利用价值的替代植物及其组合，用于入侵杂草生态屏障拦截和重灾区替代修复。

图 2-9-1　入侵的豚草（赵彩云　摄）

（3）强化植物疫情应急管理。北京市重大动植物疫情应急指挥部办公室制定《北京市突发重大植物疫情应急预案》《北京市重大植物疫情风险评估报告》《关于加强北京市植物疫情风险防控工作的实施意见》，不断完善重大植物疫情防控工作。开展培训和应急演练，不断提升全市植物疫情应急管理水平和应急处置能力。同时京、津、冀协同开展三地植物疫情联合调查及植物检疫执法，提高联防联控水平。

通过建立北京市重大植物疫情防控机制，并采取行之有效的人工铲除及生物防控等措施，北京市豚草发生面积从高峰时期的 4 万亩减少到 2017 年的 1.9 万亩，豚草种群密度也在持续降低，豚草疫情防控取得了阶段性胜利。

案例亮点

（1）考虑时令，人工铲除和生物防控相结合。在豚草生长期和开花期进行人工铲除，同时引进苍耳柄锈菌生物防控。

（2）虫草结合。万方浩团队经过近30年研究，选出豚草卷蛾和广聚萤虫甲两种天敌昆虫，结合紫穗槐、小冠花、杂交象草等10余种替代植物生态屏障拦截和替代修复技术，使得豚草防控效果更佳。

适用范围

国内外城市豚草入侵区域；飞机草等其他外来入侵物种防控。

（李冠稳）

第 3 章

就地保护与迁地保护

就保护形式而言,生物多样性保护主要分为就地保护与迁地保护。就地保护指在生物多样性原本分布的地区开展保护措施与行动;迁地保护又称易地保护,指把因生存条件不复存在,物种数量极少或难以找到配偶等,生存和繁衍受到严重威胁的物种迁出原地,移入动物园、植物园、水族馆和濒危动物繁殖中心等,进行特殊的保护和管理。

城市中有丰富的生态系统、物种及遗传资源,对其进行就地保护是维持城市生态平衡和生态系统服务的保障。城市中也有大量的生物多样性迁地保护场所,包括动物园、植物园、海洋馆、水族馆、标本馆、种质资源库、基因库以及城市中的野生动物救助站点、繁育中心等,为很多面临威胁的生物提供了安全的生长环境。

【案例 3-1】

城市里的保护地——深圳福田红树林自然保护区

自然保护区建设是保护生物多样性最有效的途径之一。一般提到自然保护区，我们想到的是远离闹市，地处山脉深处，然而深圳却有一个地处城本腹地的国家级自然保护区（广东内伶仃岛—福田国家级自然保护区）。

案例描述

广东内伶仃岛—福田国家级自然保护区成立于 1984 年，总面积为 9.22 km²，由内伶仃岛和福田红树林两个区域组成。福田红树林是全国唯一处在城市腹地的国家级森林和野生动物类型的自然保护区，主要保护红树林湿地和越冬水鸟。

福田红树林位于深圳湾东北部，与香港米埔保护区隔河相望。茂密的红树林东起新州河口，西至深圳市红树林海滨生态公园，长约为 9 km，总面积为 3.68 km²，有"绿色长城"之称。该处河海交汇，并伴有潮汐现象，水体中含有较丰富的有机质，为红树林湿地提供了良好的地貌与物质环境，是生物的理想家园，具有丰富的生物多样性，是物种的基因库。

福田红树林有高等植物 172 种，其中红树植物 9 科 16 种，包括本地自然生长的红树 7 种，如海漆 *Excoecaria agallocha*、秋茄树 *Kandelia obovata* 等。福田红树林作为我国重要湿地之一，有鸟类 190 余种，其中，珍稀濒危鸟类有 23 种，如卷羽鹈鹕 *Pelecanus crispus*、黄嘴白鹭 *Egretta eulophotes*、黑脸琵鹭 *Platalea minor*、白肩雕 *Aquila heliaca* 等。每年 10 月到次年 3 月，约有 10 万只迁徙的候鸟在深圳湾红树林停歇、栖息，是东半球国际候鸟迁徙通道上重要的"中转站"和"加油站"。

（1）政府高度重视对红树林的保护。针对保护区位于城市中心区，易受周边社区影响的实际情况，2002 年深圳市政府颁布了《深圳市内伶仃岛—福田国家级自然保护区管理规定》，划定专门的保护区域。2017 年颁布了《深圳市福田区现代产业体系中长期发展规划（2017—2035 年）》，优化生态空间格局，严守占辖区国土面积 25.6% 的生态红线。同时成立福田区生态文明示范区建设委员会，将生态文明建设工作纳入重点监察范畴。

（2）加强虫害防治，治理城市水污染。在深圳市野生动物救助中心和森林病虫害防治站的帮助和指导下，福田区定期开展福田红树林虫害消杀工作。为治理城市水污染福田区出台了《福田区黑臭水体治理方案》《福田区打好污染防治攻坚战三年行动方案（2018—2020 年)》等系列文件，全方位改善水环境质量。

（3）大力科普宣传。福田区修建红树林木栈道、观鸟亭等宣教点，成立了福田红树林自然学校。结合爱鸟周、世界生物多样性日等生物多样性活动日开展主题鲜明的科普教育活动，先后拍摄了 5 部专题宣传片，将保护区生态资源以直观方式展示给市民，让市民了解红树林，认识红树林的重要性，推动全民共同保护红树林。

案例亮点

为全国唯一在城市腹地的国家级自然保护区，为城市保护野生动植物提供了借鉴和参考。

适用范围

城市内的就地保护；保护候鸟"中转站"的城市区域。

（李冠稳）

【案例 3-2】

北京麋鹿苑成为中国珍稀濒危物种保护典范

城市是珍稀濒危物种迁地保护的重要场所，如城市的动物园、植物园保护了大量的珍稀濒危物种。许多城市为保护某个物种而建设了专门的保护场所，这些场所是城市生物多样性重要的科研和科普教育基地。

案例描述

麋鹿 *Elaphurus davidianus* 是世界珍稀动物，我国 I 级重点保护野生动物。麋鹿起源于更新世早期（距今 200 万～300 万年）我国中东部温暖湿润的长江、黄河流域的平原、沼泽地区，历经多个世代，到明清时期，种群只剩下数百只，人工饲养在位于北京南海子的皇家猎苑。1865 年，法国传教士阿芒·戴维第一次在这里发现麋鹿并将其介绍到国外，北京南海子由此被认定为麋鹿的模式种产地。1900 年，仅存于北京南海子的麋鹿被西方列强劫杀一空，麋鹿在中国本土灭绝。1985 年，中国政府和英国政府共同启动了麋鹿重引进项目，麋鹿从乌邦寺庄园回到北京麋鹿苑。

麋鹿苑是麋鹿的原产地、模式种产地和最后的种群灭绝地，也是麋鹿回归地。从繁盛到本土灭绝，从重引进到成功野放，中国的麋鹿保护工作得到世界认可。麋鹿保护也被称为"世界野生动物保护的中国样板"，为我国野生动物保护、生态环境保护、生态文明建设作出了贡献。

（1）麋鹿回归。1956 年和 1973 年，北京动物园先后得到了一对和两对麋鹿，但因繁殖障碍和环境不适，一直未能复兴种群。1985 年，在世界野生动物基金会的努力下，英国政府决定由伦敦 5 家动物园向中国无偿提供麋鹿。1985 年 8 月，22 头麋鹿从英国运抵北京，当晚运至北京大兴南海子麋鹿苑，麋鹿重新回到了它在中国最后消失的地方。

（2）栖息地保护与恢复。在麋鹿保护核心区建成了绵延数公里的表流湿地，湿地水域面积逾 10 万 m^2；建成了潜流湿地景观；栽种乡土植物，不仅改善了麋鹿的栖息环境，还使保护区内的生物多样性更加丰富。

图 3-2-1　北京麋鹿苑的麋鹿（肖能文　摄）

（3）野外种群放归。北京麋鹿生态实验中心（以下简称麋鹿中心）经过深入调研，向国家野生动植物保护管理相关部门建议，在湖北石首天鹅洲长江故道建立麋鹿国家级自然保护区，并先后于 1993 年、1994 年和 2002 年输出 94 只麋鹿至该保护区，建立了野外繁殖种群。截至 2019 年夏末，湖北石首麋鹿国家级自然保护区内麋鹿种群数量达到 800 只。在江苏盐城大丰湿地、湖北石首三合垸、杨坡坦、湖南东洞庭湖、河南省原阳县形成野外自然种群，种群数量约 500 只。截至 2020 年，麋鹿中心已经在河北滦河、湖北石首、江西鄱阳湖等地建立了 38 处迁地保护种群，并且种群发展趋势稳定。麋鹿中心也已经成为我国麋鹿的重要种质资源库。

（4）开展麋鹿生物学与遗传学研究与技术集成。开展麋鹿的保护生物学、行为学、组织解剖学及疾病防治等方面的研究，集成了麋鹿的饲养与繁育、疫病防控与监测、迁地保护与野外放归等关键技术，制定了适合麋鹿的健康管理体系，保证了麋鹿种群健康繁衍。开展麋鹿遗传学研究，建立基因交流机制，促进不同迁地种群间的个体交流。开展麋鹿迁地保护种群监测工作，建立麋鹿保护评价体系。

（5）加大科普宣传力度。随着麋鹿重引进成为世界上最准确的动物重引进项目，以麋鹿为旗舰物种的湿地生物多样性保护取得成功，北京麋鹿苑吸引了来自社会各界的来访者，每年接待游客约 40 万人次。苑区建有麋鹿苑博物馆，内有"麋鹿传奇展"和"世界鹿类展"，成为生物多样性保护科普教育的重要场所。麋鹿苑组织开展科普剧演出，举办"自然故事大讲堂"系列活动，开展独具特色的"夜探麋鹿苑"和"魅力观鸟"活动，备受公众欢迎。积极承接中小学生课外实践大课堂的工作，开放了小小科学家科学探索实验室、四不像实验室、小小饲养员体验区，在科普栈道处设置观察站，同时布置了生物多样性展，增强中小学生科学探索与体验感。利用暑期与国外教育机构合作，以苑区为教学场所，组织青少年儿童开展了"根植绿色梦想""地球守护者"等科普活动。

案例亮点

北京麋鹿苑是麋鹿的原产地、模式种产地和最后的种群灭绝地，也是麋鹿回归地。

（1）构建适宜栖息地，使种群数量大幅提升。

（2）野外放归，使麋鹿在全国多个保护区形成野外自然种群。

（3）丰富多彩的科普活动，使北京麋鹿苑成为重要的生物多样性科普基地。

适用范围

国内城市保护遗传资源相关的主题公园建设；城市遗传资源相关传统知识保护基地建设。

（肖能文　白加德　钟震宇）

【案例 3-3】

成都望江楼公园成为竹类遗传资源和传统知识保护基地

城市公园具有美化城市、调节城市小环境、改善城市空气质量、维系城市生态平衡和防灾减灾等多种作用，国内有些城市专类公园，保存着某类生物的各个品种，有丰富的遗传资源，同时也有大量的相关传统知识的展示，在生物多样性保护以及宣传中发挥着重要作用。

案例描述

望江楼公园坐落在成都东门外锦江河畔，是明清两代为纪念唐代女诗人薛涛而建，面积为 12.5 hm^2，是我国竹类收集最早、人工栽培历史最长的竹种园。园内设有国际竹类栽培品种区、竹种质资源保护区、引种驯化区、新品种培育区、竹文化陈列馆、竹产业双创孵化基地和竹文化交流中心。

公园保存着丰富的竹类遗传资源。公园从 1954 年开始引种竹类植物，园内不仅有四川省内各类名竹，还有我国南方各省的各类竹子品种，另外还有国外的一些竹子品种。现保护栽培各类成活竹子 34 属 400 余种，包括濒危竹子 3 种、近危竹子 5 种，收集、栽培世界各大洲竹子 70 种。其中不乏名贵竹种，如粉单竹 *Bambusa chungii*、人面竹 *Phyllostachys aurea*、佛肚竹 *Bambusa ventricosa*、车筒竹 *Bambusa sinospinosa*、方竹 *Chimonobambusa quadrangularis*、紫竹 *Phyllostachys nigra*、绵竹 *Bambusa intermedia* 等，是中国重要的竹种质资源基因库。

（1）望江楼公园保护竹类传统工艺品。园内有竹文化陈列馆，馆内展出有各种不同手法、形态各异的竹工艺品：如厚竹板雕刻而成的竹浮雕《老成都》，采用"随类赋形"进行构思的竹根雕《长发罗汉》，竹编工艺品《百寿图》，采用百年老斑竹精雕而成"镇馆之宝"鸟笼等。

（2）公园保存着竹类文化。园内设有竹文化交流中心，相传唐代女诗人薛涛曾在此汲取井水，手制诗签。

图 3-3-1　望江楼公园国际竹种质资源保护区（王亦凡　摄）

（3）公园开展了大量的竹文化宣传工作，提高了公众对竹类以及相关文化的认识。公园每年举办一次竹文化节，已经举办 20 余届，每届都有不同的主题，如第 20 届主题为文房四宝。第 21 届竹文化节开展了一系列与竹文化相关的展览展示、文化体验、艺术表演、游戏等项目。

望江楼公园积极开展竹类研究，与国内外竹类研究机构保持广泛的合作，完成了多项省级重点科研项目，成果荣获 2018 年四川省科技进步一等奖，为竹类多样性保护树立了典范。

案例亮点

（1）公园通过收集和引种，保护了国内外竹类丰富的遗传资源。
（2）公园通过开设竹文化陈列馆、举办竹文化节等，保存和宣传了丰富的竹类知识。

适用范围

国内城市保护遗传资源相关的公园建设；城市遗传资源相关传统知识保护基地建设。

（肖能文　赵梓伊）

【案例 3-4】

北京大学——校园生物多样性保护典范

当人们谈到生物多样性保护的时候，首先想到的是建立各类自然保护区，而校园恰恰是长期被忽略的生物多样性保护与教育相结合的重要"保护地"。高校校园，本身就是贴近青年的最佳场所，中国约有 2 600 所普通高等学校，应该充分发挥其在生物多样性保护和宣传教育中的作用。

案例描述

北京大学通过对一处面积很小的花园投入合理资金，成功建立了生物多样性保护示范区，为北京以及全国各高校的生物多样性保护提供了一个很好的范例。

（1）生物多样性丰富。北京大学校园内 500 多种植物为这座主体部分由明清时期建造的中国传统园林增添了生机与活力。环绕未名湖，有七叶树 *Aesculus chinensis*、君迁子 *Diospyros lotus*、流苏树 *Chionanthus retusus* 等植物；校园内还记录有 220 余种鸟类，包括国家Ⅰ级重点保护鸟类金雕 *Aquila chrysaetos*，以及鹰鸮 *Ninox scutulata*、红角鸮 *Otus sunia*、鸳鸯 *Aix galericulata* 等 23 种国家Ⅱ级重点保护鸟类；此外，还有兽类 11 种、鱼类 26 种、两栖爬行类 11 种、蝴蝶 27 种、蜻蜓 26 种。对照《世界自然保护联盟濒危物种红色名录》，在北大燕园记录有濒危动物细纹苇莺 *Acrocephalus sorghophilus*、黄胸鹀 *Emberiza aureola* 等，易危物种鸿雁 *Anser cygnoides*、乌雕 *clanga clanga* 等。

（2）提升水质改善环境。通过对校园北部水系进行改造，校园生活污水经鸣鹤园的污水处理厂处理后，作为中水补充北部水系，同时通过合理举措将校园里的美丽景观和生物多样性保护结合起来。经过几年的修复，鸳鸯和绿头鸭等水鸟重现校园。

（3）持续监测校园物种。自 2002 年开始，北京大学绿色生命协会坚持对校园内的生物多样性开展监测。如定期重点监测老生物楼、未名湖、镜

春园的毛泡桐 *Paulownia tomentosa*、金银忍冬 *Lonicera maackii* 等 20 多种植物的叶、花和果实等信息，还为七叶树制订"身份证"，拿起手机扫一扫，便可知其为何叫"七叶"。2008—2009 年，北京大学生物爱好者还系统地开展了鸟类监测和植物物候监测，在此期间，还对校园昆虫和两栖爬行动物等开展普查，并发表论文和撰写专著。

（4）开放北京大学生物标本馆。北京大学生物标本馆是我国第一个由中国学者主持建立的生物标本馆，其历史可追溯到清朝光绪 33 年（1907 年）京师大学堂（北京大学的前身）。历经一个多世纪的变迁与积累，标本馆馆藏不断丰富，目前馆藏 6 万多份采集自我国各地的动植物标本，并于 2018 年 5 月 2 日对校内外人员开放，为广大学子和市民提供了一个近距离观察、了解生物多样性的场所。

案例亮点

（1）校园丰富的生物多样性。校园内记录有 500 余种植物、220 余种鸟类、11 种兽类、26 种鱼类、11 种两栖爬行类、27 种蝴蝶、26 种蜻蜓等。

（2）保护与教育相结合。独具一格的"荒野"校园风格，保护了生物多样性，同时将生物多样性教育融入校园生活，激发学生探索兴趣。

（3）持续开展监测工作。北京大学绿色生命协会基于校园植物、鸟类、昆虫、鱼类而进行的监测巡护工作已经持续多年，特别是 2009 年以后，开展了系统的校园鸟类监测和植物物候监测工作。

（4）建立校园自然保护小区，为全国保护小区精细化管理提供示范。

适用范围

国内外高校校园、中小学校园、城市绿地等。

（李冠稳）

【案例 3-5】

让雨燕在北京重新安家

随着城市的扩建，很多传统建筑逐步被摩天大楼取代，而为保护仅存的、为数不多的古建筑往往也加装了"防鸟网"，严重挤压了某些鸟类的活动空间，影响了它们的正常繁殖。为鸟类提供自然的栖息环境，营造适合它们居住的仿生环境是城市野生鸟类保护的重要内容之一。

案例描述

1870 年，英国著名鸟类学家罗伯特·斯温侯首次在北京采集到北京雨燕（Apus apus）的标本，并将这种翅膀狭长、酷似镰刀的鸟种命名为"北京雨燕"。雨燕是北京的标志性动物，是 2008 年北京奥运会吉祥物福娃"妮妮"的原型。北京雨燕还是当之无愧的"一带一路大使"，它的迁飞路线几乎和"一带一路"重叠。然而，这些"北京土著"却随着北京古建筑的减少以及城市环境的变化，数量骤减。为保护北京雨燕，让它们重新在城市安家，北京市做了大量工作。

（1）政府重视。北京市委书记蔡奇多次在调研和会议上强调，"要讲好雨燕故事"，强调要留出一片"黑天空"，注重生态系统多样性，让城市能够留得住雨燕、长耳鸮（Asio otus）等野生动物。市长陈吉宁曾专门对"北京雨燕"保护做过批示，也多次向北京市园林绿化局询问雨燕保护情况。北京市野生动物救护中心自 2017 年开始招募志愿者开展雨燕分布地调查，2019 年志愿者人数达到 300 多人。

（2）科普宣传。2017 年正阳门管理处与北京市动物学会等签署"古建保护与城市生态"课题研究合作意向书，启动对北京雨燕的保护调查研究。2018 年"雨燕栖息与古建保护"系列课题汇报指出，雨燕粪便为中性，不会对木质古建筑构成腐蚀危害。在 2019 年 6 月 8 日中国文化与自然遗产日当天，京津冀三地博物馆与文化企业联合签署了《雨燕计划—京津冀博物馆研学合作协议》，将"北京雨燕"的故事融入博物馆研究学习与社会教育工作中。

图 3-5-1　天坛里的雨燕幼鸟（高晓奇　摄）

（3）企业、非政府组织积极参与。2019 年，SOHO 中国基金会、阿拉善SEE 华北项目中心以及北京观鸟会联合发起北京雨燕保护计划，以前门大街上的建筑和望京 SOHO 作为试点区域，设置更多适宜北京雨燕居住的鸟巢，旨在为现代城市建筑中增设更多鸟类生存空间。SOHO 中国基金会表示在未来的楼宇设计中会将生物多样性考虑其中。一些民间组织和个人也积极参与北京雨燕保护计划，为生物多样性作出积极贡献。

案例亮点

（1）发动社会力量开展科学调查。其实在很多领域，公众参与都能发挥重大作用。利用市民人数多、分布广的优势弥补专业调查机构人员少而难以开展大规模调查的不足。

（2）博物馆加强保护宣传。京津冀三地博物馆首次将"北京雨燕"的故事融入博物馆研学与社教工作中。

（3）发起北京雨燕保护计划。SOHO 中国基金会、阿拉善 SEE 华北项目中心和北京观鸟会联合发起北京雨燕保护计划，社会各界均可为生物多样性作出积极贡献。

适用范围

城市土著物种的保护。

（李冠稳）

【案例 3-6】

南昌市将鸟类多样性的保护与可持续利用统一

鸟类是城市中最常见的野生动物之一，分布广泛，易于接近，已成为城市环境的表征之一。作为居民在城市环境中亲近自然的重要媒介，鸟类具有娱乐和促使人亲近自然的作用，对城市居民的身心健康有重要意义。

案例描述

南昌市鸟类资源丰富，以位于南昌市青山湖区占地 84 hm² 的天香园为例，天香园内筑巢繁殖的鸟类有 150 余种，数量超过了 20 万只，有鸟巢近 3 万个。园内植物群落已经与鸟类融为独特的体系，越来越多的候鸟成为"定居"的留鸟，目前监测到的有冬候鸟 37 种，夏候鸟 33 种，旅鸟 17 种，是中国大型城市中罕见的拥有相当数量的鸟类园区。

为保护候鸟顺利迁徙，南昌市在城市建设规划中为候鸟留下一条横穿城区上空的"鸟道"，这条"绿色"路线以鄱阳湖为起点至艾溪湖，再由艾溪湖直至天香园内，迁徙道上禁止建高楼，禁止建噪声大、污染大的工厂和密集的高层住宅小区，被当地市民称为南昌候鸟的"天路"。

南昌高新区艾溪湖东岸有着"候鸟乐园"的称号。公园有着丰富的绿茵草地、密林、浅水沼泽、湖泊池塘等多层次的湿地景观作为开放性生态公园，虽有着相对丰富的植物资源，但动物资源却略显单薄。为了实现鸟类保护与可持续利用的统一，南昌市在艾溪湖森林湿地公园内引进了 15 种鹤、7 种天鹅、9 种大雁，打造以候鸟观光为主体，集科普教育、文化旅游、摄影写生、影视拍摄、休闲购物等于一体的景点，使之成为"人的乐园、鸟的天堂"。景区分为鹤园、天鹅湖和大雁岛，约 14.5 万 m²。景点建成后，改善了公园之前动物种类单一的窘境，平衡了湿地公园动植物的配比，提高了公园生态系统质量，同时保护了鸟类多样性。

71

为保护越冬候鸟，解决"人鸟争食"的问题，南昌市专门建立保护管理机构、组建专业管理队伍。开展"点鸟奖湖"活动，每年在候鸟越冬期间，清点湖泊候鸟数量，参与者清点候鸟被证实有效后即可获得每只 1 元钱的奖励，同时，候鸟数量多的承包认同区也将获得奖金。这一"变罚为奖"的模式激励了民众参与保护的积极性，开创了"人、鸟、湖"三赢的局面。

案例亮点

（1）在城建规划中预留"鸟道"，保护候鸟顺利迁徙，也为南昌市引来诸多候鸟。

（2）对鸟类保护及可持续利用模式进行创新。开创"点鸟奖湖"的创新活动模式，不仅促进了鸟类的保护，还极大地提高了公众参与其中的热情。

适用范围

国内外所有城市；城市公园、植物园；城市内鸟类保护的团体及企业。

（郭宁宁）

【案例 3-7】

昆明市多举措保护红嘴鸥

在城市化过程中，人类逐渐意识到，城市不应仅仅满足人类生存，也需要保护原有野生动植物。城市野生动物保护在我国是一个较为"年轻"的理念，让野生动物在城市中找到栖息之地，实现人与动物在城市中和谐相处，将成为城市建设与发展的重要目标之一。

案例描述

红嘴鸥 *Larus ridibundus* 是昆明的标签，每年约有 4 万只红嘴鸥自寒冷的北西伯利亚一路向南，经俄罗斯贝加尔湖来到我国昆明滇池过冬。自 1985 年前后，红嘴鸥已连续 30 多年沿此线路抵达昆明，从未"爽约"，给昆明增加了一道亮丽的风景线。然而，这风景线背后是昆明市对红嘴鸥保护的不懈努力。

图 3-7-1　昆明湖畔红嘴鸥（杨葛亮　摄）

多年来，为保护好红嘴鸥，昆明市出台了一系列保护政策，包括《昆明市人民政府关于进一步加强红嘴鸥保护的通告》（2008年12月13日）、《昆明市林业局关于红嘴鸥保护工作协调会议记录》（2015年12月1日）、《关于在昆红嘴鸥保护有关问题的会议纪要》（2017年1月11日）和《昆明市文明行为促进条例》。其中，《昆明市文明行为促进条例》明确规定禁止伤害、捕捉、猎杀和买卖红嘴鸥等受法律保护的野生动物，禁止向其投喂有毒、有害和其他不利于其健康的食物和物品，使得红嘴鸥保护有了地方性规定。2019年10月23日下午，昆明市林业和草原局召开了2019年红嘴鸥保护工作会议，专门就红嘴鸥在滇池流域越冬的情况进行了安排部署。

开展大规模科学考察。2019年10月25日，由全国鸟类环志中心、昆明鸟类协会等单位组成的科学考察队从昆明出发，探寻红嘴鸥的迁徙路线及生活习性，为联合保护红嘴鸥提供理论支撑和科学依据。这也是国内首次大规模全面跟踪红嘴鸥迁徙的科学考察活动。

图 3-7-2　红嘴鸥已成为滇池一道亮丽的风景线（张风春　摄）

社会各界参与保护。2016年，云南省湿地保护发展协会、昆明市鸟类协会等单位与云南两所高校在海埂大坝举行"保护红嘴鸥爱心公益行动"启动仪式，呼吁更多市民关注红嘴鸥。2013年昆明市公安消防支队滇池中队官兵，在滇池景区的每一条赏鸥道路上开展护鸥宣传，"保护红嘴鸥，呵护大自然，昆明'绿色消防'在路上"。

昆明市定期出动警力到红嘴鸥栖息地滇池大坝开展巡护及宣传活动，执法人员采取徒步巡查的方式对游客集中区域开展巡护，同时向游客发放野生动物保护宣传资料，并讲解野生动物保护的相关知识及法律法规，有效提高游客爱鸟护鸟意识；昆明市林业和草原局设立 24 小时值班电话，对恫吓、捕捉红嘴鸥等行为坚决予以制止，对买卖、猎杀、伤害红嘴鸥等行为坚决予以打击和惩治。

严标准保证鸥粮质量。原昆明市林业局与鸟类、饲料、动物营养等方面的专家制定并发布了唯一一个红嘴鸥补充饲料地方性标准——《红嘴鸥补充饲料》（DB 53/T 285—2009）。为确保红嘴鸥越冬期间有充足的食物，昆明市林业和草原局按《红嘴鸥补充饲料》采购鸥粮进行投放，同时要求各县区和相关单位加强对鸥粮市场的管理，规范鸥粮的售卖行为。

案例亮点

（1）出台政策，切实加强对红嘴鸥的保护，包括《昆明市林业局关于红嘴鸥保护工作协调会议纪要》《昆明市文明行为促进条例》等。

（2）制定并发布《红嘴鸥补充饲料》地方标准，保证鸥粮质量。

（3）开展大规模全面科学考察。国内首次大规模全面跟踪红嘴鸥迁徙的科学考察活动，为联合保护红嘴鸥提供理论支撑和科学依据。

适用范围

国内外野生动植物就地保护城市；野生动植物保护相关单位。

（李冠稳）

【案例 3-8】

"国宝"的迁地保护——成都大熊猫繁育研究基地

大熊猫 *Ailuropoda melanoleuca* 是中国特有物种，是一种在地球上已存在了至少 800 万年的动物界的"活化石"，其一身黑白相间的毛皮和憨态可掬的形象使它们跻身世界最可爱的动物行列，深受世界各国人民的喜爱，世界自然基金会（WWF）甚至把大熊猫作为形象大使。由于其数量稀少，世界自然保护联盟曾将大熊猫列为濒危物种。我国为增加大熊猫的种群数量付出了不懈努力，2016 年，大熊猫的受威胁等级降为易危。

案例描述

成都大熊猫繁育研究基地（以下简称研究基地）位于四川省成都市成华区外北熊猫大道 1375 号，距市中心 10 km，距成都双流国际机场约 30 km，是"国宝"大熊猫重要的迁地保护基地、科研繁育基地、公众教育基地和教育旅游基地。

图 3-8-1 成都大熊猫繁育研究基地

（赵梓伊 摄）

研究基地是在成都动物园饲养、救治、繁育大熊猫的基础上建立起来的。以 20 世纪 80 年代抢救留下的 6 只病、饿大熊猫为基础，经过 31 年的不懈努力，2018 年大熊猫数量壮大到了 196 只。通过人工圈养繁育，基地的大熊猫种群复壮被中国动物园协会评为种群发展最佳范例。

1989—2020 年，研究基地建立了四川省濒危野生动物保护生物学重点实验室，解决了大熊猫人工繁育存在的配种难、怀孕难、育幼难等问题。研究基地先后攻克了精液冷冻、人工授精和内分泌研究技术，使得大熊猫迁地种群数量能够稳定增长。为保障大熊猫健康，研究基地还攻克了大熊猫出血性肠炎、大熊猫慢性营养不良综合征、大熊猫病毒性心肌炎和圈养大熊猫寄生虫病等大熊猫重要疾病的防治，解决了威胁大熊猫种群安全的疾病难题，提高了大熊猫种群健康水平。此外，研究基地建立了大熊猫微卫星技术，解决了大熊猫亲子鉴定和遗传管理技术难题。

为普及推广大熊猫保护的知识和技术，研究基地还出版了一系列相关著作，如《大熊猫繁殖与疾病研究》《大熊猫迁地保护理论与实践》《圈养大熊猫研究进展》《大熊猫——生物学、兽医学与管理》，为大熊猫科学保护提供技术支撑和资料参考。

研究基地与社会各界合作，开展了多种多样的大熊猫保护科普教育活动，提高了公众参与大熊猫保护的主动性和积极性。2000 年，成都大熊猫繁育研究基地率先开展公众保护教育工作，成立科普教育部。2000—2019 年，19 年经过不断深入社区、大中小学、幼儿园和村民中，开展一系列丰富多彩的大熊猫保护教育活动，推广和宣传大熊猫科普知识，提升了公众的大熊猫保护意识。

案例亮点

（1）成都大熊猫繁育研究基地是濒危物种迁地保护的成功范例，对其他城市的动物迁地保护工作起到了非常重要的引领作用。

（2）成都大熊猫繁育研究基地解决了众多大熊猫人工繁育关键性技术难题，极大地提高了大熊猫饲养繁育水平。

适用范围

野生动物的迁地保护；各类动物园、动物繁育中心。

（赵梓伊）

【案例 3-9】

北京猛禽救助中心——城市中的猛禽医院

猛禽是食物链中的高级消费者，对维持生态平衡和生物多样性具有重要作用。猛禽的数量往往较其他鸟类稀少，在中国，猛禽也都属于国家重点保护野生动物，每年都有许多猛禽受伤、生病或遭受意外伤害，需要专业的人才和医疗资源帮助它们重返蓝天。

案例描述

为救助各种受伤、生病或遭受意外伤害的猛禽，2001 年国际爱护动物基金会（IFAW）、北京师范大学和北京市野生动物自然保护区管理站合作建立了北京猛禽救助中心（Beijing Raptor Rescue Center，BRRC）（以下简称救助中心）。救助中心属非营利性野生动物救助机构，是中国第一家专业的猛禽救助机构，主要为北京及周边地区受伤、生病、迷途以及在执法过程中罚没的猛禽提供治疗、护理与康复训练，并对达到放飞标准的猛禽进行放飞。

图 3-9-1　北京猛禽救助中心（付刚　摄）

（1）先进的设施。救助中心设在北京师范大学校园内，占地面积约为 1 200 m²。中心设置笼舍区、管理区、医疗区、宣教区 4 个功能区。笼舍区分为室内笼舍和室外笼舍，均按照国际猛禽救助要求建设，具有良好的采光、保暖、通风、清洁条件，室内笼舍主要作为伤病猛禽在治疗期间的病房，室外笼舍适合猛禽病愈后的康复，其中包括两间大型训飞笼舍，即将被放归野外的猛禽在这里接受飞行训练。管理区包括办公室、饲料间。医疗区有 X 光室、治疗室、恒温氧舱、生化室、重症监护室，手术条件先进，疾病检验的设备专业。宣教区配备有多媒体设备，可以举行宣教活动，包括针对公众尤其是中小学的环保教育课程。

（2）优秀的人才队伍。除了具有一流的硬件设施，救助中心还在人员力量上占有优势。救助中心有在职康复师 5 人，均受过动物医学相关专业的高等教育，具备专业的技术水平。此外，北京师范大学是中国鸟类的重要研究机构之一，拥有雄厚的鸟类学研究力量。

（3）科学、专业的技术体系。依托多年的实践经验和研究成果，救助中心形成了一套标准化的流程，其中包括猛禽的控制、捕捉和把持，猛禽的营救和现场稳定，猛禽的运输，猛禽的接收评价及初步治疗，猛禽疾病的诊断，猛禽疾病治疗方案，猛禽的隔离检疫和生物安全，猛禽的日常护理，猛禽雏、幼鸟的人工饲养，猛禽放飞前的适应训练与评估，猛禽的放飞，猛禽的长期饲养等内容。为把猛禽救助的成功经验推广到自然保护区、保护站以及相关的野生动物管理部门，救助中心编写了《猛禽救助中心操作指南》，为猛禽的救助工作提供了科学指导，进一步提高了我国猛禽救助水平。此外，救助中心还参与高校以及研究机构的猛禽科学研究工作，包括猛禽体内外寄生虫、无线电追踪研究猛禽的活动等，研究成果进一步提高了猛禽救助工作的成效。

（4）积极开展宣传和教育。一是经常组织形式多样的活动，如校园讲座、野外观鸟、救助中心宣教区参观等活动，普及大众野生动物保护、生物多样性保护方面的知识和理念。二是招募组织管理志愿者队伍。专项的志愿者培训使志愿者团队掌握基本的猛禽救助技能与理念，为社会输出野生动物救助专业力量。三是与海关、森林公安、城市管理等政府执法部门交流合作，通过讲座、培训等形式，为一线执法工作人员介绍猛禽的识别以及罚没猛禽的现场应急处理方法。

截至 2020 年，救助中心已救治各种猛禽 5 000 余只，救助成功的放飞率达到了 53%，已经成为国内领先并与国际接轨的专业猛禽救助机构。

案例亮点

（1）北京猛禽救助中心是中国第一家专业的猛禽救助机构。

（2）救助中心的各种设施充分考虑了猛禽的习性特征，同时配备了专业的医疗资源。

适用范围

全国各野生动物救助协会、救助机构等。

（高晓奇）

【案例 3-10】

城市里的"诺亚方舟"——中国西南野生生物种质资源库

遗传多样性是指地球上所有生物所携带的遗传信息的总和，是生物多样性的 3 个层次之一。保护遗传多样性是《生物多样性公约》的重要内容，其中开展迁地保护，建立物种种质资源库是遗传多样性保护的重要途径之一。

案例描述

中国西南野生生物种质资源库位于云南省昆明市盘龙区。1999 年 8 月，中国著名植物学家吴征镒致信时任国务院总理朱镕基，建议尽快建立野生生物种质资源库。此后经多方论证，2002 年，国家发展和改革委员会批准在昆明建设中国西南野生生物种质资源库。2005 年，项目正式开工建设。2008 年 10 月，种质资源库开始运行。

图 3-10-1　中国西南野生生物种质资源库主体楼（高晓奇　摄）

中国西南野生生物种质资源库以植物种子库为核心库，兼具植物离体库、植物 DNA 库、动物种质库、微生物库。植物种子库保存对象是正常种子，通过干燥和冷冻技术，对种子进行长期存储，同时为资源利用和科学研究提供材料。植物离体库主要保存中间性和顽拗性种子以及难以用种子保存的植物，保存的材料包括试管苗、愈伤组织、块根、块茎、鳞茎、球茎、珠芽、花粉、孢子及其他微繁殖体或培养物。植物 DNA 库提取、保存野生植物的总 DNA。动物种质库主要保存珍稀、濒危、特有的野生脊椎动物种质资源，兼顾收集野生近缘种和特种经济动物的种质资源。微生物库保存具有重要经济价值的大型真菌种质资源，同时加强对放线菌和特殊生境微生物种质资源的收集。

采集高质量的种子是种质资源长期保存和后续利用的前提。资源库种子采集以优先收集珍稀濒危、重要经济价值、地区特有和重要科研价值物种为主要目标。除了需要采集健康成熟和足够数量的种子，还需要同时采集凭证标本、野外数据、图像资料等。种子完成采集后，还需要经过签收登记、初干燥、清理、X 射线检测、计数、主要干燥、入库、活力检测、繁殖更新和分发共享 10 个环节。其中，入库后的保存是关键。影响种子保存寿命的因素主要是温度和湿度。据哈林顿定律：温度为 0～50℃时，贮藏温度每降低 5℃，种子寿命将延长一倍；种子含水量为 5%～14%时，每降低 1%，种子寿命也将延长一倍。为了保证种子库内的种子具有较长的贮藏寿命，种子库采用干燥后低温的方法来贮藏正常性种子，即先用 15℃、15%含水率的条件干燥，将种子含水量降到 5%左右，密封后用−20℃的低温冷库贮藏种子，使种子可以存活几十年、上百年，甚至几千年。

截至 2018 年，植物种子库已收集保存植物种子 10 048 种，共 80 105 份，占中国植物种类的近 1/3；植物 DNA 库储存植物 DNA 6 804 种，共 60 450 份；植物离体库保存植物材料 2 043 种，共 24 000 份；植物种质圃引种和驯化重要的野生植物以及繁殖保存珍稀濒危、特有和有重要经济价值的物种 437 种，共 45 980 份；动物种质库保存野生脊椎动物种质资源以及野生近缘种和特种经济动物的种质资源 2 154 种，共 58 797 份；微生物库保存大型真菌、放线菌等微生物种质资源 2 260 种，共 22 600 份。

中国西南野生生物种质资源库是世界第三大种质资源库，其建成使中国生物战略资源安全得到可靠的保障，对中国甚至全世界生物多样性保护以及可持续利用具有重大现实意义。

案例亮点

（1）中国西南野生生物种质资源库是中国最大的种质资源库。

（2）中国西南野生生物种质资源库是城市遗传资源迁地保护的典范。

适用范围

开展遗传资源保藏的种子库、博物馆、动植物园等。

（高晓奇）

【案例 3-11】

科技助力"活标本"——北京古树名木的保护

古树是指树龄在 100 年以上的树木，名木是指具有重要历史、文化、观赏与科学价值或具有重要纪念意义的树木。城市古树名木是"活标本"，不仅蕴藏着丰富的政治、历史、人文价值，同时也是一类特殊的生物资源，其对当地的气候和土壤具有极强的适应性，在维护生物多样性和保护环境中发挥着重要作用，是城市的绿色名片。

案例描述

根据 2019 年调查统计结果，北京市现共有古树名木 41 865 株，是古树名木分布最多的城市。虽然有数量优势，但由于古树基本属过熟林木，自身生理机能下降，加上城市建设导致立地条件改变以及自然灾害的影响，北京市古树名木的保护形势并不乐观。按照《古树名木评价标准》（DB 11/T478—2007），北京市有 9 049 株古树处于衰弱和濒危状态，占总数的 21.61%。为实现古树名木的复壮，北京市借助了多种科技手段。

（1）建立数据库，实现信息化管理。为掌握古树名木数据本底，北京市已先后开展了 4 次古树名木调查，完成了对全市每条街道、每个单位的每一株古树名木的现场实地调查，明确了每棵古树名木的位置、树种、权属、树龄、古树等级、树高、胸围、冠幅、立地条件、生长势、生长环境、现存状态、古树历史、管护单位、管护人等内容，并为每株古树名木更新了树牌，扫描树牌二维码可以了解古树学名、年代、生长习性等内容。为进一步确定每一株古树名木的数字化"地址"，北京市采用激光测距仪和实时动态差分 GPS 对每株古树名木进行定位，达到了厘米级精度。在调查与监测数据的基础上，北京市建成并不断完善古树名木资源管理信息系统，实现了古树名木资源管理的动态化、信息化、精细化。

图 3-11-1　名木古树树牌示意图

图 3-11-2　扫描树牌二维码就可获得古树名木的各种信息

（2）建立复壮技术体系。面对严峻的保护形势，北京市开展了一系列古树名木抢救复壮研究，开发了评估古树名木健康风险的无损检测技术，总结出一套北方古树的综合复壮技术和系统施工方法，许多科技手段被应用其中。例如采用超声波探测仪检测树洞。超声波探测仪利用声波在不同材质中的传递速度差异，形成不同图像，从而监测出古树名木的生长状况。据统计，近

10 年来，北京市已抢救复壮衰弱、濒危古树 1.2 万余株。

（3）生物防治技术治理病虫害。为降低农药对古树及环境的影响，近年来北京市通过采用生物防治技术实现对古树名木病虫害的生态化治理。目前，北京市天敌昆虫的投放种类已达 7 种，每年投放近 6.5 亿头。其中的花绒寄甲防治光肩星天牛、管氏肿腿蜂防治双条杉天牛等 2 项生物防治技术效果尤其显著。

（4）加强对管理人员培训。北京市园林绿化局定期举办古树名木保护管理技术培训班，对全市各区园林绿化局、市公园管理中心及古树集中分布区域等单位管理及技术人员进行培训，内容包括古树名木保护管理法规政策解读、衰弱原因及诊断技术、复壮技术、日常养护管理技术、有害生物防治等，提高了全市古树名木从业人员综合素质和保护管理整体水平。

案例亮点

现代技术在城市古树名木的保护过程中已经显示出不可替代的作用，尤其是无损检测技术、生物防治技术。

适用范围

国内外分布有古树名木的城市；城市各古树名木、绿地管理机构等。

（高晓奇）

第 4 章

城市绿地与廊道建设

　　城市绿地是以自然植被和人工植被为主要存在形态的城市用地，包括城市建设用地范围内用于绿化的土地以及城市建设用地之外对城市生态、景观和居民休闲生活具有积极作用、绿化环境较好的区域。绿地是城市生物多样性保护的基础设施，但城市中较难有大块绿地，而小型、分散的绿地对生物多样性保护的支持有限。为发挥城市绿地的规模效应，廊道建设是必要手段。通过在分散零碎的栖息地之间以人为的方法构建连接栖息地的通道，增加生境斑块的连接度，有利于扩大生物的活动空间，增加物种重新迁入的机会，也可以给缺乏空间扩散能力的生物提供一个连续的栖息地网络，从而达到增大绿地面积、提高绿地生境质量、保护城市生物多样性的目的。

【案例 4-1】

天府绿道——连接城市生态系统的生态和经济廊道

绿道（Greenway）的概念起源于 20 世纪 70 年代，是一种与景观交叉的人为开发的走廊。"green"表示绿色，诸如森林河岸、野生动植物等；"way"即道路。绿道是一种线形绿色开敞空间，一般是林荫小路，通常沿着河滨、溪谷、山脊、风景道路等自然和人工廊道建立，内设可供行人和骑车者进入的景观游憩线路。随着经济的发展，城市化进程的加快，城市绿地面积逐渐减少且破碎化，绿道建设对于城市生物多样性保护、提升生态系统服务及满足人们对美好生活的向往都具有重要意义。

案例描述

绿道作为城市重要的生态、文化等多功能的复合廊道，建立了一种强调自然生态系统资源、过程的连通，支持生态系统功能发挥的可持续的土地利用模式。将分散的生态节点和破碎斑块纳入绿道体系，提高资源的利用和可达性，对于改善城市环境、保护城市生物多样性以及提供游憩等开敞空间具有重要意义。

2010 年成都市启动绿道建设。2017 年 9 月 1 日，成都市城乡建设委员会发布了《成都市天府绿道规划建设方案》，提出按照建设大生态、构筑新格局的思路，在 11 534 km² 生态基底和 2 800 km² 城乡建设用地上规划构建城市三级慢行系统，厚植城市自然人文环境，提升市民宜居生活品质。以绿道为主线、以生态为本底、以田园为基调、以文化为特色，全域规划形成"一轴两山三环七带"的区域级绿道 1 920 km、城区级绿道 5 380 km、社区级绿道 9 630 km，总计为 16 930 km。按照实施计划，天府绿道将于 2020 年建成 840 km"一轴两环"绿道，建成城区级、社区级绿道共 2 400 km；2025 年建成"一轴两山三环七带"1 920 km 的区域级绿道，建成城区级、社区级绿道共 8 680 km；到 2035 年全面建成天府绿道三级体系。天府绿道建设实施"绿道+场景营造"，与社区生活、公共空间、乡村振兴、生态治理相融合，实施"绿道+场景营造"，构建"文体旅商农科"多功能叠加的高品质生活场景和新经济消费场景。

图 4-1-1　天府绿道·锦城绿道段（刘高慧　摄）

　　绿道是城市的生态绿带。绿道建设同步开展区域自然生态环境修复、景观风貌提升和功能完善工作，同时通过微地形塑造，强化场地空间格局，在绿道沿线打造立体化景观农业。自然生态环境修复包括锦江绿道西郊河综合改造工程，全长14 km。按照绿道建设尽可能保留原有植被的原则，锦城绿道天府沸腾小镇段玛歌庄园充分保留了原有大树，新增了绿化植物，并且专门进行了景观设计。

　　绿道融合湿地、林地、农田、沙漠等多种景观。在绿道间，贯穿一条"仙人掌之河"，即沙地与仙人掌的特色植物景观，加上多肉植物种植带和大丽菊花园。崇州市桤木河湿地公园绿道水域面积约为 2 100 亩（1 亩 ≈ 667 m^2），绿化率高达 79%，湿地主要由桤木河、老河槽、低洼地、鱼塘和丰富的原始植被支撑，形成了"水园共享、林田共存、人鸟共鸣"的生态景象。温江区北林绿道全长 65 km，将鲁家滩生态湿地公园、凤凰康养文旅小镇、寿安植物编艺公园、和林村等景点串联了起来。羊马河绿道位于天府农业博览园内，串联起千亩葵花园、有机示范农场，河两岸缓坡上种植着水烛 *Typha angustifolia*、芦苇 *Phragmites australis*、菰 *Zizania latifolia* 等水生植物以及灌木和花卉。锦城绿道一期引入了大量的花卉湿地，天人菊 *Gaillardia pulchella*、金光菊 *Rudbeckia laciniata*、马利筋 *Asclepias curassavica* 等各类花卉有序错落形成成片花田，以景观化手法打造具有丰富游览体验价值的花卉基地与花木集市。锦城绿道二期主打"自然牌"，以农业景观为本底，充分体现"田园景观+生活场景"的特点，将人们常见的水稻、玉米、油菜等粮油作物，枇杷 *Eriobotrya japonica*、柑橘 *Citrus reticulata*、桑 *Morus alba* 等果树，荸荠 *Eleocharis dulcis*、菰、莲 *Nelumbo nucifera* 等水生植物，以及虞美人 *Papaver rhoeas*、鼠尾草 *Salvia japonica* 等花卉，通过设计与搭配在较大的空间上形成美丽的景观，四季皆有景。

绿道在全球城市化和资源紧缺的压力下，作为生态保护的有效手段，对解决破碎化生境下的物种保护、生境恢复及河流保护等问题具有重要意义。天府绿道让成都这座"进可拥城市繁华，退可享田园静谧"的魅力之城变成一座令人向往的健康花园城。

案例亮点

（1）成都绿道于 2010 年开始规划建设，是国内建设比较早的绿道，并且规划建设成为全世界最长绿道。

（2）天府绿道尽可能利用原有的生态系统，配置多种景观。首次创新提出"绿道+场景营造"这一理念，让人们感受到来自自然教育、艺术审美、运动休闲及科普宣传等全方位的"绿道+"体验。

适用范围

国内外各类城市总体规划；城市公园、绿化、景观设计与建设；市区内保护生物多样性的企业及园区。

（刘高慧）

【案例 4-2】

桑沟湾湿地公园——中国首个国家级城市湿地公园

国家城市湿地公园是指在城市规划区范围内，以保护城市湿地为目的，兼具科普教育、科学研究、休闲游览等功能的公园绿地，并由国家住房和城乡建设部批准设立的城市湿地公园。城市湿地公园与其他天然湿地最大的不同是位于或邻近城市，受到城市环境系统、城市经济发展和社会文化形态的极大影响。城市湿地公园除为城市提供水源、补充地下水、调节和控制洪水、过滤转化毒物和杂质、保留营养物质外，还支撑动植物的生存，是城市生物多样性保护的重要载体。

案例描述

桑沟湾国家城市湿地公园（以下简称湿地公园）位于山东省荣成市市区东南部，总面积为 13.91 km²，其中水面面积为 3.2 km²，芦苇荡面积为 4.1 km²，沼泽地、林地、道路面积等共为 6.61 km²。2004 年 2 月 11 日，建设部正式批准荣成市桑沟湾城市湿地公园为国家城市湿地公园，这是中国首个国家级城市湿地公园。

湿地公园将维护湿地生态系统平衡、保护湿地功能和生物多样性作为建设的出发点。

（1）设定保护管理分区。在湿地公园规划之初，就根据每种生物的重要程度，设置了 4 个级别的保护区：将国家 I 级重点保护鸟类的重要生境设为特别保护区；将对鸟类生境十分重要的树林与邻近市区的芦苇群落设为保护区；将开发建设区域设为利用与活动保护区；将外围缓冲地带设为外围保护区，以保持湿地公园内部的生态与环境。

（2）重视植物多样性及乡土化。一方面，规划考虑植物种类的多样性，通过多样性的搭配不仅可以实现视觉效果上的相互衬托，形成丰富的植物景观层次，同时对水体污染物的处理也能够互相补充，有利于实现生态系统完全或部分的自我循环；另一方面，尽量采用本地植物，利用或恢复原有湿地生态系统的植物种类，避免使用外来物种。此外，构造原有植被系统也是公园规划的重要内容，重点选取了适合山东的水生植物芦苇系、香蒲系、草属、睡莲等；常用的湿生乔灌木植物有柽柳 *Tamarix chinensis*、紫穗槐 *Amorpha fruticosa*、枫杨 *Pterocarya stenoptera*、旱柳 *Salix matsudana*、垂柳 *Salix babylonica* 等。

（3）充分保留利用雨水。水是湿地的生命，对雨水的利用是湿地公园生态特征的首要体现。为最大程度地保留利用雨水，湿地公园建造时首先尽可能地使用透水铺装地面；其次减缓绿地坡度，降低雨水径流速度；最后设立滞水井池，储存雨水。

（4）严格控制公园建筑数量和规模，鼓励建设有利于动植物生息繁衍的建筑。例如，水上岸上温棚和玻璃透光平台利用新材料、新技术在寒冷季节创造一个半人工的温暖环境，可以附建水下鱼窝、植物角等生物家园，同时也能改善季节性景观单调的不足。多点设置游人无法到达或没有人为干扰的水上岛屿，立林中鸟巢，保留石缝、石滩、昆虫栖息地等，给生物留一处乐土。此外，还建设有利于普及湿地生物多样性保护知识的宣传设施，如观景塔、休闲廊架、亲水平台等。

湿地公园在涵养城市水源、维持区域水平衡、调节区域气候、降解污染物、保护生物多样性、美化环境等方面发挥了重要作用。目前，湿地公园动植物资源丰富，分布着大量的天然芦苇、各种藻类、水草等，已成为鸟类理想的栖息地。除每年来此越冬的上千只大天鹅 *Cygnus cygnus* 外，还有丹顶鹤 *Grus japonensis*、白鹤 *Grus leucogeranus*、黑雁 *Branta bernicla*、灰鹤 *Grus grus* 等珍稀鸟类，其中仅国家Ⅰ级、Ⅱ级重点保护鸟类就有 20 余种。

案例亮点 ⋯⋯⋯⋯⋯⋯⋯⋯⋯⋯⋯⋯⋯⋯⋯⋯⋯⋯⋯⋯⋯⋯⋯⋯⋯⋯⋯⋯⋯⋯⋯⋯⋯⋯

（1）首个国家级城市湿地公园的建成标志着中国城市生物多样性保护体系的进一步完善。

（2）桑沟湾国家城市湿地公园将保护生物多样性作为建设的出发点，对提高城市湿地公园的质量起到了非常重要的引领作用。

适用范围

开展湿地保护的城市；各类湿地公园。

（高晓奇）

【案例 4-3】

让屋顶为城市再添一片绿地

随着城市经济与建设飞速发展，很多绿地被占用，如何在有限的城市空间内增加绿地面积，提高城市生态系统服务，成为当前城市建设面临的重要难题之一。屋顶绿化不仅可以通过植被吸收太阳光能，减少城市热岛效应，还可以有效增加绿地面积和城市生物多样性。

案例描述

占地 18.2 hm^2 的中国上海巨人集团总部园区是一个绿地公园和生活的实验室，围绕生态系统体系和开放空间主题而建，屋顶绿化面积达 1.5 万 m^2，实现了生态系统多样和建筑元素的完美融合。

园区原是一个被农业灌渠包围着的树苗圃，被城市道路（中凯路）分成两个部分。园区充分利用"水"作为媒介，组成包括灌溉渠、滞留地、岛屿和季节性湿地的复杂水系，为野生动物创造了多样化的栖息地，也形成了不同的景观，成为人们平衡工作和生活的缓冲区。同时，园区内封闭式潟湖拥有丰富多样的动植物，让访客在建筑物内即可观赏到整个生态系统。

图 4-3-1　上海巨人集团总部园区屋顶绿化（李冠稳　摄）

屋顶绿化在优先采用本土物种的前提下，兼顾了物种多样性和观赏性，选用耐阳、抗旱和蓄水能力较强的月见草 *Oenothera biennis*、八宝

Hylotelephium erythrostictum 和棉毛水苏 *Stachys lanata* 等十几种植物，一年四季都有不同的鲜花绽放。多样的物种能够保护生物链基层生物的生存环境，同时也是保障高级生物的能量基础。

为便于养护，屋顶绿化采用"牧场"的形式，只需少量浇水和施肥。与典型的屋顶绿化有所不同，这种屋顶表面形态折叠起伏，屋顶最大坡度达到 53°，屋顶采用角钢和石笼结合的创新钢筋混凝土楔系统固定土壤，把重力造成的水土流失和侵蚀降到最低，同时又有效减少了降温成本。折叠式屋顶的几何外观、朝向和树荫等不同环境条件相互作用，让绿化屋顶产生了独特的微气候。

从长远角度来看，屋顶绿化是城市绿地的重要补充，也是提高城市生态系统服务的重要手段。屋顶绿化为各种植物和无脊椎动物提供了栖息地，为部分生物创造了新的宜居场所，有助于城市生物多样性保护。

案例亮点

（1）园区屋顶种植十几种本土植物，多样化的物种不仅保护了生物链底层生物的生存环境，同时也是保障高级生物的能量基础。

（2）巧妙采用"水"作为连接两个园区的桥梁，为野生动物创造多样化的栖息环境。

（3）折叠式屋顶对土壤植被抗滑动要求高，采用角钢和石笼固定的创新钢筋混凝土楔系统固定土壤，把重力造成的流失和侵蚀降到最低。

适用范围

国内外城市居民区高楼屋顶绿化；国内外城市企业、博物馆、剧院等屋顶绿化。

（李冠稳）

【案例4-4】

忻州围绕生物多样性保护规划城市绿地格局

随着国家对生态、环境的日益重视以及人们对美好生活的向往，生物多样性保护已成为城市生态文明建设的内容之一。为发挥生物多样性在城市生态文明建设中的功能，建设生物物种多样、绿地结构清晰合理、可持续发展的国家园林城市，忻州市编制了中心城区的生物多样性保护规划。

案例描述

忻州为山西省辖地级市，是国家卫生城市（区）、国家智慧城市，素有"晋北锁钥"之称。为恢复当地植被，保护各种自然系统、群落类型以及自然生境，恢复和提高生物多样性，忻州制定了《忻州市城市生物多样性保护规划（2018—2030年）》（以下简称《规划》）。

《规划》提出在中心城区建成"一环、一带、两廊、三园、五轴、多点均布"的城市生物多样性保护核心区域，并形成以城市道路为线、公园广场为点、单位庭院为面的城市绿化新格局，使之成为生物多样性的有效载体，从而达到城市生物多样性保护的目的。

《规划》重视对乡土植物的保护。道路绿化结合城市道路的新建和改造，坚持道路基础与道路绿化同步规划、同步设计、同步施工。道路绿化在树种的选择上，采用常绿树种与落叶树种相结合，以本地乡土树种为主，外来树种为辅；在植物搭配上，多植乔木，少植草坪，做到乔、灌、花合理组合搭配；在景观设计上，突出自然景色，体现植物本地季相色彩，努力做到路通树绿、绿随路建、以绿造景、一路一貌、一街一景的道路景观。城市道路绿化普及率达到95.3%，城市道路绿化达标率为81.9%。

《规划》重视城市生境质量与面积的提升。首先是建成云中河综合公园，对云中河进行综合治理；其次是建成植物园和动物园，合理引进外来的植物

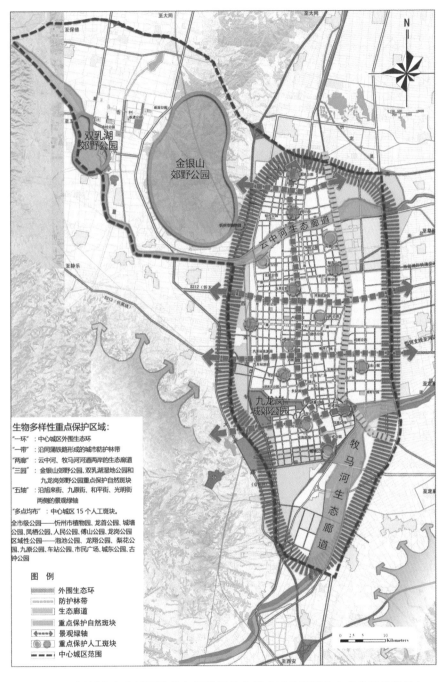

生物多样性重点保护区域：

"一环"：中心城区外围生态环

"一带"：沿同蒲铁路形成的城市防护林带

"两廊"：云中河、牧马河河道两岸的生态廊道

"三园"：金银山郊野公园、双乳湖湿地公园和
九龙岗郊野公园重点保护自然斑块

"五轴"：沿旭来街、九原街、和平街、光明街
两侧的景观绿轴

"多点均布"：中心城区 15 个人工斑块。

全市级公园——忻州市植物园、龙首公园、城墙
公园、凤栖公园、人民公园、傅山公园、龙岗公园

区域性公园——泡池公园、龙翔公园、梨花公
园、九原公园、车站公园、市民广场、城东公园、古
钟公园

图　例

　外围生态环

　防护林带

　生态廊道

　重点保护自然斑块

　景观绿轴

　重点保护人工斑块

　中心城区范围

图 4-4-1　忻州市中心城区生物多样性保护布局（忻州规划和自然资源局提供）

和动物以及同时注重保护本土植物；最后是实施街头游园绿地建设工程。按照"规划建绿、拆违还绿、见空插绿、租地增绿"的原则，在旧城道路征迁改造中，新建、改造一批游园、街头绿地等。《规划》通过庭院绿化建设工程增加城市生境，严格实施"绿色图章"管理制度，确保新建、改造居住区绿地建设达标。采取"庭院植绿、立面挂绿、破硬还绿"等方式，积极推进园林小区和园林式单位创建活动。

《规划》还提出植物要以"市树、市花"为代表，合理引进优良植物资源，重点推广乔、灌、花、草立体配置，逐步加大常绿树木、乡土树木、花灌木的比例等生物多样性保护措施。此外，《规划》明确要求管理部门在城市园林绿化建设管理中应当坚持生物多样性保护原则，建立植物多样性体系，提高生物多样性保护的质量。

通过一系列行动，目前忻州城区已经兴建了大大小小的公园、游园 10 多个，城市园林绿化植物达 217 种，其中本地木本植物应用指数为 89%，为中心城区实现华美蜕变提供了有力支撑，增添了城市的特色亮点和气质内涵！

案例亮点

（1）忻州是少有的将生物多样性保护纳入城市规划的城市。

（2）充分利用城市中的景观特色，进行合理的、有层次的绿地规划，达到保护生物多样性的目的。

适用范围

生物多样性保护规划；城市建设规划。

（沈梅）

【案例 4-5】

福州因地制宜地构建城市生物廊道

廊道是物种的生活、移动或迁移的重要通道和基因交换的保障，可以连通一个区域内各破碎化栖息地斑块，使物种能通过廊道在破碎化生境之间自由扩散、迁徙，从而增加物种基因交流，防止种群隔离，扩大种群数量。随着城市化进程的加快，自然生态系统向人工、半人工生态系统逐渐转变，生境破碎化加剧，廊道对于保护城市生物多样性、提升城市生态系统服务等具有更加重要的意义。

案例描述

福州市是福建省省会，南北长约 150 km，东西宽约 154 km，全市土地总面积约为 11 968 km^2，约占全省土地总面积的 9.8%，林业用地为 7 792 km^2，约占全市土地总面积的 65%。全市横跨南亚热带季风常绿阔叶林植被带和中亚热带常绿阔叶林植被带，气候条件优越，地形多样，生物多样性丰富。

近年来，由于城市的快速扩张，福州市生物多样性受到较为显著的冲击：城市绿地分散，栖息地破碎成斑块状且各斑块相互之间缺乏联系；城市绿化忽视生物多样性和生态系统服务，生态系统服务水平下降；本土物种保护不足，群落结构单一雷同；外来物种入侵，本地生态系统受到威胁。

为解决城市生物多样性面临的问题，福州在其城市总体规划中，对中心城区的生物多样性保护做出了创新，其中构建生物廊道成为福州市城市总体规划中重要的内容之一：提高福州市区内各生境斑块空间与功能上的联系，通过廊道连接破碎化的生境斑块，促进生物空间迁徙和种群间交流。

根据规划，通过廊道连接使破碎化的斑块从岛屿式向网络式演进，帮助植物、昆虫、鸟类和小型陆生动物传播和迁徙，确保生态过程的连续性，促进自然生境与人工生境的融合。在福州市中心城区内，分别构建宏观的生物多样性廊道和微观的生物通道。其中廊道包括针对陆生动植物的绿色廊道和针对水生动植物的蓝色廊道;两类廊道又分为一级廊道和二级廊道。一级廊道连接核心斑块,廊道内部拥有丰富的动植物种群,二级廊道串联作为垫脚石式的节点,由本地陆生或水生植物形成相对稳定的种群,满足昆虫等小型生物迁徙。通过两类廊道的构建,连接斑块,串联垫脚石,从而实现格局的优化。

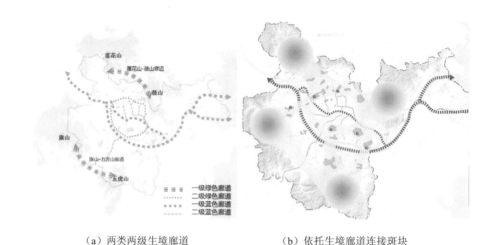

（a）两类两级生境廊道　　　　（b）依托生境廊道连接斑块

图 4-5-1　福州宏观生境廊道（李昊　绘）

城区利用现有山水网络和主要城市公园,结合环城绿带的建设,特别是在两侧均为公园绿地的地带,合理布局生物廊道,构建"两横四纵"城市廊道体系。两横廊道包括铜盘路华林路生物廊道和乌山路福马路生物廊道;四纵廊道包括白马河生物廊道、晋安河生物廊道、凤坂河生物廊道和磨洋河生物廊道。南台岛延续江北的乌山—福马廊道、白马河廊道及晋安河廊道,重点采取以山体作为主要控制要素分区引导,形成四大片区,包括淮安山妙峰山片区、飞凤山乌龙江湿地片区、高盖山帝封江片区和城门山清凉山片区。根据不同的路段地形、环境和生物分布等情况,选择合适的通道类型,形成空间异质化、多元化的生物廊道体系。在廊道设计上将道路绿化景观效果同动植物扩散因素相结合。

图 4-5-2　福州市生物廊道分布（李昊　绘）

案例亮点

（1）本案例提出了构建城市生物多样性廊道与城市规划的新结合点。福州市将生物多样性廊道的建设作为整体规划中的重要一环，综合考虑生物多样性现状，并以生物多样性廊道作为重要保护手段，体现出其规划的科学性和可行性，为其他城市的总体规划提供了很好的样板和参考。

（2）构建城市生物廊道时充分考虑生物多样性因素。福州市构建廊道时考虑了宏观和微观层面，兼顾陆生动植物和水生动植物，同时根据昆虫等小型生物的情况，详细划分一级、二级廊道，针对不同生物构建适宜其通过的廊道。

适用范围

国内外各类城市总体规划；城市公园、绿化、景观设计与建设；有志于保护生物多样性的市区内企业及园区。

（郭宁宁）

【案例 4-6】

彩虹之路——奥林匹克森林公园生物廊道

随着城市化的快速发展，城市生境破碎化日益严重，阻碍了自然斑块内生物基因交流、物质循环和能量流动。城市生物廊道的建设可以很好地解决绿地斑块对于生物因素的"孤岛效应"，成为有效保护城市内部生物多样性的重要手段之一。建设生物廊道，构建城市生物多样性保护网络越来越受到关注。

案例描述

北京市奥林匹克森林公园占地约 7 km²，被城市环路分割为南北两区。公园通过在南北区之间构建生物廊道，为栖息在公园里的小型哺乳动物和昆虫搭建了往来的通道。该通道是中国首条城市公园的生物廊道，其长约 260 m，宽 60~120 m；同时桥面中间设有一条 6 m 宽的道路，两侧设有高强度栏杆，保证即使在大风天气，行人和小型车辆也可安全通过。

图 4-6-1　奥林匹克森林公园生物廊道（李冠稳　摄）

（1）先进的建筑结构与技术：生物廊道采用跨预应力混凝土连续梁结构，细分属于"V"形支撑连续梁，采用这种结构不仅截面利用率高、造价及养护成本较低，同时还可与桥上植物相映成趣。由于北五环是一条重要交通干道，故采用这种结构可以将机械化施工对交通的影响降到最低。

（2）先进的灌溉技术：廊道的喷灌系统采用微喷技术，主要是在植物的土壤下面铺设微喷管道和适合树木的微喷头，水分直接在植物根部被吸收。既有利于节约用水，又避免了桥面浇水对桥下的影响。廊道采用"植物隔根防水技术"，还采用根阻防水材料，防止植物根系穿透防水层而造成防水功能失效破坏桥体结构。

（3）科学的土壤配置技术：为减轻桥梁负重，廊道土壤使用绿化无机轻质土和普通土壤 1∶1 混合，较单独使用普通土壤减轻了 1/4 载荷重量，同时也充分保证了土壤养分和植物固定效果。利用"蒸汽阻拦层"应对桥体气温变化，使土壤保持适宜植物生长的温度。

（4）生态廊道植物种植以乡土植物为主：生物廊道上种植北京地区各种乡土乔、灌、草、地被植物约 60 种。乔木以抗旱性强、易成活、形态优美的北方乡土树种为主，常绿乔木和落叶乔木结合，同时注重色彩和季节的表现，使四季都有景可观，且一年四季都能为动物提供良好的生存环境；灌木以观花类为主，为整体景观增添亮点；地被植物种类丰富，构造低层良好的景观。乔、灌、草之间错落搭配，为需要不同高度的鸟类提供栖息的环境。采用 STF 超级透水植草坪，以天然普通石子为基础，辅以特殊的技术，使草地可以不完全靠土壤生长，即使雨天人们也能在场地中活动。

奥林匹克森林公园生物廊道建设使被分割的自然斑块从岛屿式过渡到网络式，为孤立的物种提供了传播途径，保障了生物之间的基因交流，为城市绿地廊道的建设提供了借鉴和参考。

案例亮点

（1）跨城市干道的生物廊道扩大了奥林匹克森林公园南北园之间小型野生动物的活动空间，为昆虫和鸟类提供了接近自然的栖息地，具有良好的示范效应。

（2）采用特殊土壤、微喷、超级透水植草地坪等绿色先进技术，构建友好的野生动植物的生活环境。

适用范围

国内外跨城市交通主干道生物廊道建设；国内外城市绿地之间生物廊道的建设。

（李冠稳）

【案例 4-7】

废弃棕地魔变"活体过滤器"——宁波生态廊道

随着城市的快速扩张，很多曾经位于城市边缘地带的工业厂房等废弃棕地成为城市中心区。长期的工业活动对土壤和水质造成了一定污染，影响了植物群落的正常演替，也造成了野生动植物种类和数量减少，导致生物多样性降低。许多城市在合理利用废弃棕地方面做了很多工作，如将其改造成城市绿地或公园，最大程度地发挥废弃棕地的价值。

案例描述

宁波位于长江三角洲生态区的南部，在城市快速发展的压力之下，宁波运河被转为工业用途，随着周边大量工厂的兴建，同时缺乏对施工和污水的有效控制，运河水质恶化。为此，宁波市实施了生态廊道工程，将不适于居住的废弃棕地成功打造成绵延 3.3 km 的"活体过滤器"。

水文过滤：通过生物修复技术模拟本土生态过程，将无出口运河改造为许多流动小河、池塘、沼泽等水网以改善水质。运河水原本属于最差的 V 类水，通过生物净化后达到适宜生态系统修复和公众休闲娱乐的 III 类水。

地形过滤：利用废弃混凝土和周边开发区多余土方，在生态走廊区内塑造起伏的山丘河谷，不仅可以提供休憩景点，增加生活环境多样性，还可通过生物过程去除污染物，为含水层的补给提供了保障，也为雨洪管理奠定了基础。

植被过滤：大力种植本土植物，构造多样化植被，吸引本土野生动物重回栖息地。河岸植被、生物洼地和雨水花园可净化来自附近开发区、其他建筑区等硬质景观的雨水。随着地势的变化，植被种类组群差异，不同植被高度、形态和颜色呈现出独特的空间格局。

宁波生态廊道与周围城市结构和自然系统体系相结合，组成一张绿色线型网络，为当地的原生动植物创造了一片可栖息、繁衍的场所，也创造了一个具有优良生态系统服务价值的公共场所。

案例亮点

（1）创新的生物修复技术模拟本土生态过程，新建成水网改善运河水质。

（2）通过打造"活体过滤器"，还原丰富多样的生态系统，为野生生物提供栖息地，提高运河生物多样性。

适用范围

国内外城市湿地生物多样性恢复；国内外城市棕地生物多样性恢复。

（李冠稳）

【案例 4-8】

天津变建筑垃圾山为山体公园

把城市废弃地或者垃圾填埋场，改造成城市公园，可以美化环境，提高生态系统服务价值，对探索区域生物多样性保护具有重要意义，许多城市都做了相关的探索与实践。天津南翠屏公园就是由建筑垃圾山改造成的城市公园。

案例描述

天津市区西南部曾有一片荒地，杂草丛生、地势低洼、淤泥遍布，这个荒地后演变为建筑垃圾填埋场，经过渣土堆建，逐渐变成了建筑垃圾山，给市容市貌带来了负面影响，也给周边居民的生活带来了很多潜在的环境风险。从 2006 年起，天津南翠屏公园管理所通过 4 年的时间，对该区域进行了详细的规划和设计，进行了山体整形，基础绿化及湖岸、道路等基础配套建设，初步形成山、路、水、绿的总体格局，最终建成了现在的南翠屏公园。

（1）公园建设适地适树、以乡土植物为主。公园山体坡陡，土层又薄，土壤存水困难，所以在植物选择上必须做到适地适树、适地适草。绿地的立地条件和使用功能均要求宜树则树、宜草则草，使绿地发挥最佳的绿化造景功能。公园绿化栽植园林植物 185 种，地被植物约 22 万 m^2。基调树种选择了根系发达的国槐、臭椿、白蜡、桧柏、油松等；灌木主要选择黄刺梅、木槿、金银木、丁香等；适当保留了当地野生植物，如山莴苣、苦菜、打碗花、苦苣菜、田旋花、车前、蒲公英、紫菀等，绿地养管时，不拔除这些乡土植物，使山体绿化更加生态自然。

（2）公园建设保持生态系统多样性。公园以山体营造丰富的季相景观，以水系环绕营造山水相依的自然生态。有水生、湿地生态系统，疏林草地生态系统，灌木林生态系统、阔叶林和常绿针叶林等多种林地生态系统。湿地生态系统以湖区现有芦苇为基础，补充睡莲、荷花等本地水生观赏植物，与千屈菜、水蓼等耐水植物形成浮水、挺水、滨水多层次湿生植物景观群，实现湖滨与陆地的自然过渡。疏林草地包括山麓草甸型绿地和环湖平原型草坪疏林。林地主要有灌木林、落叶阔叶林和常绿针叶林。

（3）提高生态系统服务。南翠屏公园在修建过程中，纳入了很多基于自然解决方案（Nature Based Solution，NBS）的理念和方法。公园在设计构思上，尽量模仿自然特征，营造了水系环绕、山水相依的公园环境。在公园山顶建设了一个蓄水槽，将市政中水引到山上，通过密布于全园的喷灌系统灌溉绿地，既实现了资源的再利用，又利用新的灌溉技术达到了节水的目的；改善了周边地区的自然环境，为周边的鸟类等动物提供了栖息地；降低了周边地区的热岛效应，为周围乃至整个天津城区的居民提供了休憩娱乐的场所。

图 4-8-1　天津南翠屏公园湿地（刘海鸥　摄）

案例亮点

（1）利用建筑垃圾和荒地空地，变废为宝，改建成自然公园。

（2）设计中考虑了自然因素，尽量使用公园原始环境中存在的野生植物物种进行生态修复和绿化。

（3）在养护过程中，保留当地乡土植物，尽量与周围生态系统保持一致。

适用范围

其他具有类似情况的城市；进行生态修复相关的生态环境部门、自然资源和园林部门。

（刘海鸥　肖能文）

【案例 4-9】

重庆都市区"四山"生态系统修复工程

城镇化进程的加快、建成区的不合理扩张以及生境的破碎化对城市生物多样性造成了严重破坏。对城市生态功能区实施生态修复工程，可以有效保护区域内动植物及其生存栖息环境，提升生态系统服务，推动城市生物多样性保护。

案例描述

重庆地处川东平行岭谷低山丘陵区，主城区内特有的山地、河流及湿地孕育了丰富而独特的城市生物多样性。其中，缙云山、中梁山、铜锣山、明月山是主城区的四大"肺叶"，是重要的生态屏障，也是城市生物多样性保护的重要基地，还是重庆主城多条次级河流的发源地，对维持城市生态系统功能发挥着重要作用。由于人类生产、生活、基础设施和房地产开发建设等干扰，"四山"地区原有的地带性常绿阔叶林植被退化、消失，除缙云山自然保护区保留有大片常绿阔叶林外，其他区域仅为残存片段；现有的次生森林植被也正面临着前所未有的威胁。保护和恢复好"四山"区域，对主城区生物多样性的保护和宜居城市的建设具有重大意义。

2010 年 10 月，重庆市政府在全国率先批准实施《重庆生物多样性保护策略与行动计划》，其中专门部署了有关重庆都市区"四山"的生态修复工程，具体如下：

（1）在对"四山"地区生物多样性本底进行调查的基础上，编制"四山"生物物种名录，对"四山"地区生态系统保护和资源利用进行综合分析，结合发展规划、生态空间管制、生物多样性保护需求，对"四山"地区生态功能区进行科学规划。

（2）严格进行都市区"四山"的生态空间管制，并加强监督。"四山"城镇开发边界内的建设用地，要以保护和恢复生态环境、自然景观为主，适度发展文化休闲、养生养老和乡村旅游功能，在其管制范围实施严格保护控制。

（3）对"四山"地区现有森林植被较好的区域，进行生物多样性的维育，尤其是应重点保护"四山"地区残存的常绿阔叶林片段和当地的特有物种。

（4）对"四山"地区现有生态退化区域，结合生物多样性恢复，加快实施生态修复工程。同时，采取建设生物廊道等措施，逐步恢复受损森林生境，维护生物多样性。

2019年，重庆市政府审议通过《重庆市主城区"四山"保护提升实施方案》。在生物多样性保护方面，开展"四山"生物多样性普查，加强对自然保护区等生态功能区域的保护和规范化管理，采取建设生物廊道、珍稀特有物种保育、生物多样性监测监管等措施，逐步恢复受损森林环境，维护生物多样性，重点实施缙云山生物多样性保护工程，开展缙云黄芩、中华秋沙鸭等野生动植物监测和拯救保护行动。在区域生态系统治理方面，开展缙云山片区生态系统修复整治，对缙云山自然保护区核心区和缓冲区原住民实施生态搬迁，对受损山体和污染退化土地进行治理修复，对缙云山森林开展封育保护、特色自然资源保护和生态系统修复。开展铜锣山—铜锣峡片区 38 km² 塌陷坑生态系统修复整治，对废弃地开展复绿、治污、植被恢复和森林抚育，提升废弃地森林覆盖率和生态系统功能。开展中梁山片区生态系统修复整治，重点治理 180 余处塌陷坑，修复地表泉、井，对塌陷区与拆迁废弃区开展综合修复保护。开展明月山片区生态系统修复整治，加大对区域内安澜鹭类市级自然保护区、张关水溶洞的保护力度，对自然保护区核心区、缓冲区以及具有重要生态功能的区域实施封育保护，严控人类工程活动，重点保护区域内珍稀植物、野生动物栖息地。

重庆积极推动山水林田湖草生态保护修复，2018 年将重庆主城区的"两江三谷四山"作为试点区域，先后启动近 100 个项目，主要涵盖区域生态系统治理、矿山地质环境恢复治理和土地复垦、水环境保护和综合治理、国土绿化提升、生物多样性保护等方面。完成历史遗留和关闭的矿山恢复治理与土地复垦 262 hm²，实施退耕还林还草、植树造林、森林抚育 13.2 万亩，有害生物防治 30 万亩，拆除"四山"违法违规建筑复绿面积 8.9 万 m²。如今"四山"的生态与环境得到了极大的改善，已变身为"城市绿肺、市民花园"。

案例亮点

（1）利用当地独特的自然地理环境，制定"因地制宜"的修复方案。
（2）该工程取得了明显的成果，得到了当地民众的高度认可。

适用范围

虽然重庆市有特殊的地理环境，该案例针对性较强，但在思路方法上具有借鉴意义。

（沈梅　肖能文）

【案例 4-10】

大东湖水网让武汉由"百湖"成"一湖"

　　随着城市的快速扩张，城市河流、湖泊生态系统出现了不同程度的退化。城市自然水系被人工建设分割成相对独立的水体或湖泊，河道渠化、硬化、水质恶化、水陆过渡带消失，使城市水生生物生境严重萎缩和破坏，水生生物多样性锐减。

案例描述

　　武汉大东湖位于中心城区，北临长江，跨武昌区、青山区、洪山区、东湖新技术开发区和东湖生态旅游风景区，区域面积为 436 km²，其中水面面积共 62.5 km²，包括东沙湖水系的东湖、沙湖、杨春湖，北湖水系的北湖、严西湖和严东湖 6 个主要湖泊以及青潭湖、竹子湖等湖泊。

　　20 世纪 60 年代以前，大东湖地区城市化水平较低，周边以农村为主，各个湖泊在汛期通过渠道与长江相通，洄游性鱼类和长江鱼类可通过渠道自由出入长江与大东湖。当时入湖污染负荷较低，湖水清澈见底，生物种群较为丰富。但随着城市的建设和发展，大东湖地区由乡村逐渐成为主城区，江湖通道被堤防和节制闸阻隔，加上填湖造地与圈围以及入湖污染负荷加大，大东湖各湖泊被截隔开，湖泊面积大大减少，水质污染严重，湖泊生态系统受到严重破坏，生物多样性明显下降。为恢复水生态系统功能及区域生物多样性，提升武汉地区环境承载力，促进城市可持续发展，武汉市于 2009 年启动了大东湖生态水网构建工程。

　　工程分两期实施，一期工程（2009—2014 年）主要是六湖截污和连通工程，二期工程（2014—2020 年）为生态修复工程，主要是恢复东湖的自然生态系统。工程主要分为 3 项内容：一是污染控制工程，包括新建污水处理厂 2 座，升级现有污水处理厂 4 座，新建和完善污水管网 396.4 km，建设分散处理设施 75 套，新建城市面源控制工程 16 项；二是生态系统修复工程，重点是清淤疏浚东湖、沙湖、杨春湖、竹子湖、青潭湖湖泊底泥 332.79 万 m³，底泥生物修复 0.83 km²、新建人工湿地 0.13 km²、人工浮岛 0.07 km²，水生植被恢复 17.56 km²；三是水网连通工程，重点是新建、改建、扩建青山港、东湖港、沙湖港等 18 条港渠。新建引水闸 2 座，改建、扩建泵站 2 座，新建船闸、控制闸 18 座等。

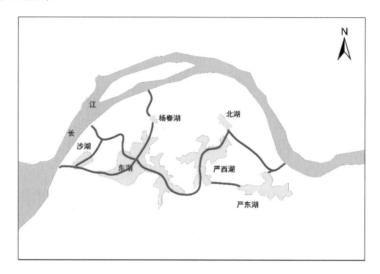

图 4-10-1   大东湖水网连通示意图

（1）通过污染控制、生态系统修复和水网联通恢复湿地生态系统。污染控制工程可使入湖、入江污染物迅速消减，是整个项目的前提和重要基础；生态系统修复工程可修复水体生境，是实现水环境长效稳定的关键；水网连通工程则为项目的核心。水网连通工程是恢复长江与湖泊自然联系、加快湖泊水质改善、为湖泊生态系统修复工程创造的必备条件，是提高湖泊生物多样性和湖泊生态系统自我修复功能的有效手段，是江湖之间生物和物质交流的基础。水网连通工程对重建江湖联系，对湖泊及长江水生生物保护、湿地保护具有不可替代的作用。

（2）重构健康湖泊生态系统，恢复生物多样性。武汉大东湖水网构建工程建成后，江湖连通、湖泊间的连通使大东湖水体的流动性增强，改善大东湖水质，恢复生态系统的健康；水生植被、浮游生物、底栖生物的种类与数量也将会增加，同时有利于改善鸟类的栖息、觅食环境。考虑到长江干流武汉段鱼类丰富度明显高于大东湖，江湖连通还有利于大东湖鱼类群落结构优化和鱼类资源的恢复，一些已在大东湖消失的洄游性鱼类和长江鱼类将可能重新出现在湖泊中。

案例亮点

工程以"水网构建"为切入点，污染控制、生态系统修复、江湖水网连通三位一体，为城市水生生物多样性保护提供了借鉴与示范。

适用范围

国内外河流、湖泊丰富的城市；城市河流、湖泊相关管理部门。

图 4-10-2 武汉东湖公园湿地（吴刚 摄）

（高晓奇 卢林）

【案例 4-11】

城市中的草原——赛汗塔拉

中国原生草原生态系统面积占国土面积的 41.7%，被誉为国土半壁河山的"生态屏障"。草原生态系统是生物多样性的重要组成部分。在城市生物多样性保护中，城市草原的保护案例较为罕见。

案例描述

赛汗塔拉城中草原位于包头市交通主干道建设路靠近青山区地段的西南侧，南北长约 4.1 km，东西宽约 2.2 km，面积约 7.52 km^2。赛汗塔拉城中草原是中国唯一的城市草原，也是亚洲面积最大的城市草原。

（1）"大手笔"规划奠定基础。1955 年，《包头市新市区总体规划》中要求，包头市绿地面积超过城市总面积的 40%，赛汗塔拉被确定为城市绿化用地，此后的 1994 版规划、2000 版规划，赛汗塔拉均被规划为城市绿地，可以说历版城市总体规划为赛汗塔拉的保留奠定了重要基础。2000 年和 2011 年，包头市又先后出台了《赛汗塔拉城中湿地草原园区开发建设实施方案和规划设计方案》和《包头市赛汗塔拉城中草原、台地公园及草原文化旅游产业园规划设计》，根据城市中草原功能特点以及生物多样性资源状况，确定了城中草原建设的规模和保护措施。

（2）立法是后盾。面临城市化进程中城中草原被侵占和破坏的风险，为进一步加强对赛汗塔拉城中草原保护，2007 年，包头市出台了《包头市赛汗塔拉城中草原保护条例》，并于 2014 年对其进行了修订。《包头市赛汗塔拉城中草原保护条例》为赛汗塔拉城中草原的保护提供了最坚实的后盾。该保护条例对赛汗塔拉城中草原的规划、建设、保护、管理等活动进行了要求和限定，明确规定"任何单位和个人不得侵占、买卖、转让、租赁或者破坏城中草原的绿地，不得改变绿地性质或者减少绿地面积"。另外，该保护条例将赛汗塔拉草原分为核心保护区和控制保护区，实行分区管理，明确了核心保护区的地界。

（3）提档升级工程丰富生物多样性。为恢复草原自然景观，提升城市草原生物多样性，2017 年，包头市启动了赛汗塔拉城中草原提档升级工程。按照草原"只能增加、决不减少"的原则，工程对园区西侧 2 800 余亩土地进行整体拆迁，同时对园区进行生态水系改造。经过升级，赛汗塔拉城中草原绿地面积由 5.65 km^2 增加到 7.52 km^2，同时最大程度地恢复了草原自然景观。

（4）重视保护与利用相结合。赛汗塔拉城中草原在清理经营类项目的同时，科学设置了园内道路系统和景观小品，加强了草原文化建设，为群众游览、休闲提供了便利条件，实现了保护与利用的统一。

作为全国唯一的城市草原，赛汗塔拉已经成为包头市的城市生态名片和民族文化名片，为城市草原的保护提供了示范。

案例亮点

（1）赛汗塔拉城中草原是城市草原保护的典型案例。

（2）《包头市赛汗塔拉城中草原保护条例》是第一个地方性城市草原保护条例。

适用范围

城市草原保护和城市公园建设。

（高晓奇）

【案例 4-12】

青岛海洋生物多样性保护

青岛市环绕胶州湾，有 811.72 km 的海岸线，自然岸线长度为 328.64 km。潮间带生态系统和河口生态系统面积为 396.49 km^2，毗邻海域面积为 12 200 km^2，海湾 28 个。青岛又是太平洋西岸亚太候鸟迁徙的主要停歇地、能量补给驿站和重要越冬地。青岛着力打造全球海洋中心城市，在中国大陆海洋科技指数中名列第一位，在全球海洋科技指数中连续保持第二位。

案例描述

（1）划定优先保护区域。青岛市生态环境局、青岛市发展和改革委员会、青岛市财政局等 8 个部门联合印发了《青岛市生物多样性保护战略与行动计划（2018—2030 年）》（青环发〔2019〕24 号）。该战略与行动计划规划了生物多样性保护优先领域 10 个，其中与海洋生物多样性保护有关的行动 21 个。划定 9 个海洋生物多样性保护优先区域，面积为 707.23 km^2，包括胶州湾、唐岛湾、丁字湾和琅琊台湾 4 个海湾优先区域，以及文昌鱼保护区海洋优先区域。

（2）开展海洋生物多样性调查和监测。

开展青岛市海洋生物多样性调查和评估，摸清海洋生物多样性家底。近岸海域底栖生物 139 种，近岸海域浮游植物 113 种、浮游动物 41 种。海洋生物多样性丰富。

开展海洋环境监测和预警预报。建立海洋环境监测机制，全方位实现部分海域生态环境和生物多样性监测。全市海域设置 411 个站位，利用卫星遥感、飞机续航监视、船舶巡航监测、路上沿岸巡查、实时视频监控等手段，定期遥感监测海域绿潮和赤潮暴发情况以及对生物多样性的影响。建设海域远程视频监控网络，强化日常管护，投资 100 万元在灵山湾、龙门顶、董家口等区域建立了 12 处海域远程视频监控点，实施 24 小时监控，加强对海洋公园内开发利用活动的监管和海岸线的保护与利用管理。

（3）加强海岸线的保护和修复。加强立法保护，颁布《青岛市海岸带保护与利用管理条例》，对海岸线严格保护区域、限制开发区域、优化利用区域的范围及保护利用作出明确规定，自然岸线保有率达到40%。加强规划管控，制定《青岛市海岸带及海域空间专项规划》，科学设定发展底线，优化海岸带地区卫生空间。加强制度保障，在全国首推"湾长制"，在 49 个海湾建立起市、区（市）、镇（街道）三级湾长体系。实施"蓝色海湾"岸线整治工程，整治修复受损海岸线，恢复海岸自然形态特征、维护海岸生态功能、美化海岸自然景观。实施"退养还海"养殖清理工程和"南红北柳"湿地修复工程，通过种植柽柳、芦苇、碱蓬以及海草、湿生草甸等，提高湿地覆盖率和物种保护能力，重构了滨海湿地植物群落，恢复滨海湿地生态系统。

图 4-12-1　青岛滨海鸟类（于胜男　摄）

（4）加强海洋生态司法，保护海洋生态。建立分区巡查和日常监管制度，增加海岸线执法检查率和覆盖面，对非法采取海砂行为定罪量刑，有效打击非法盗采海砂的行为。严格执行海洋伏季休渔制度，开展蓝色海湾整治行动，全面治理非法围填海、盗挖海砂等现象。

（5）加强宣传与科普。通过世界湿地日、世界野生动植物日、爱鸟周、国际生物多样性日、野生动植物保护宣传月等节点，开展生物多样性保护宣传行动，广泛发动公众参与。通过搭建青年生物多样性保护平台，举行"青年与生物多样性会客厅"活动，出版《100 种青岛人身边的海洋生物》科普书籍等形式，开展多种形式宣传活动。组成生态教育联盟，共联共建生态教育学校，开展生态科普大讲堂进校园活动。通过引导公众放归国家保护动物，清除湿地违禁网具，安装鸟类栖息木桩，安置保护野生动植物警示牌和红外相机，保护候鸟迁徙等措施，开展科普教育。

案例亮点

（1）划定海洋生物多样性保护优先区域，加强重点区域保护与生态恢复，提高近岸海域生态系统的完整性和稳定性。

（2）利用卫星遥感、远程视频监控等新技术，开展海洋生物多样性调查和监测。

（3）通过立法、规划管控和实施"湾长制"等，加强海岸带保护；通过实施"蓝色海湾"岸线整治工程、"退养还海"养殖清理工程和"南红北柳"湿地修复工程，重构了滨海湿地植物群落，恢复滨海湿地生态系统。

适用范围

城市海洋生物多样性保护与修复；海洋生态环境监测与预警；海岸带保护和修复。

（李慧）

第 5 章

湿地生态系统恢复

    城市湿地作为一类特殊的城市绿地，其与城市常见景观有较大差异，城市湿地为动植物提供了独特的生境类型，在城市生物多样性保护中具有不可替代的作用。然而，随着城市化的发展，城市湿地生态系统面临着面积不断减少、生境质量恶化、物种丰富度降低、生态系统功能退化等问题。城市在发展中通过生态技术和工程对退化或消失的湿地进行恢复或重建，以再现和恢复干扰前的结构和功能，是城市湿地生态系统恢复和物种保护的重要手段。

【案例 5-1】

西溪国家湿地公园注重生物多样性保护

　　国家湿地公园是以保护湿地生态系统、合理利用湿地资源、开展湿地宣传教育和科学研究为目的，经主管部门批准设立，按照有关规定予以保护和管理的特定区域。国家湿地公园是自然保护体系的重要组成部分，相较于国家级城市湿地公园，国家湿地公园具有更强的自然属性`。

案例描述

　　西溪国家湿地公园位于杭州市区西部，是中国第一个集城市湿地、农耕湿地、文化湿地于一体的国家湿地公园，被称为"杭州之肾"。为了充分发挥西溪湿地的生态功能，2003 年，杭州市开始对西溪湿地进行综合保护，遵循"保护优先、科学修复、合理利用、持续发展"的原则，采取多种措施保护西溪湿地的生物多样性。2005 年，西溪湿地成为首个国家湿地公园。

图 5-1-1　西溪国家湿地公园（赵梓伊　摄）

（1）出台《杭州西溪国家湿地公园保护管理条例》（以下简称《条例》），遵循"保护优先、科学修复、合理利用、持续发展"的原则，严格保护湿地公园内的水体、植被、野生动物、植物等。

（2）对湿地公园的重要区域实行定期封闭轮休，划定一定的范围，禁止或限制人员进入。设置专门的生态保护区，用于保护公园内有研究价值和保存价值的生物种群和环境。生态保护区禁止游人和机动交通设施进入，禁止修建任何建筑。西溪湿地公园一期有生态保护区 1.71 km²，二期有生态保护区 2.3 km²，占西溪湿地总面积的 89%。生态保护区保育现有的池塘、湖泊、林地和植被，为各类生物创造良好的栖息地，提升湿地的生物多样性与生态系统功能。

（3）植物群落以乡土植物为主。《条例》规定禁止引进任何可能造成湿地公园生态环境破坏的外来物种，禁止在湿地公园内放生动物。在原有植物的基础上，选用乡土植物，特别是地区优势种和建群种，包括樟 *Cinnamomum camphora*、旱柳 *Salix matsudana*、腺柳 *Salix chaenomeloides*、白花泡桐 *Paulownia fortunei*、柿 *Diospyros kaki*、乌桕 *Triadica sebifera*、芦苇 *Phragmites australis*、菖蒲 *Acorus calamus*、睡莲 *Nymphaea tetragona*、水蓼 *Persicaria hydropiper* 等。选择乡土植物有助于在短时间内恢复西溪湿地植被，增加湿地生物多样性。

（4）改善水鸟栖息地。通过营造大水面、浅水区、安全岛、清理高植被等方式，水陆关系变化形式更加多样，增加了鸟类栖息地的多样性。截至 2019 年 1 月，西溪湿地已记录鸟类 179 种，包括国家Ⅰ级保护动物白尾海雕 *Haliaeetus albicilla*、国家Ⅱ级保护动物赤腹鹰 *Accipiter soloensis*。

（5）建设中国湿地博物馆，开展湿地保护宣传。湿地博物馆位于杭州西溪国家湿地公园东南部，建筑面积为 20 200 m²，布展面积 7 800 m²，2009 年 11 月正式对外开放，是中国首个以湿地为主题，集收藏、研究、展示、教育、娱乐于一体的国家级专业性博物馆。湿地博物馆的陈列展示以"湿地是人类文明和社会发展的物质与环境基础"为核心创意，馆内分为序厅、湿地与人类厅、中国湿地厅、西溪湿地厅 4 个主题展厅。其中，序厅主要展示丰富的湿地知识和六大世界经典湿地；湿地与人类厅主要介绍人类与湿地的关系，展示湿地生态系统功能及其危机；中国湿地厅主要介绍中国湿地的类型、特点、国内重要湿地及我国开展湿地保护工作的成果等；西溪湿地厅主要介绍西溪湿地的历史变迁、传统文化，西溪国家湿地公园等。

中国湿地博物馆是城市生物多样性保护宣教的新平台。首先，中国湿地博物馆向公众宣传"人与自然和谐共生"的理念，普及和传播湿地科学知识，有利于增强公众对湿地生态系统及其功能的认识，培养公众的湿地生态系统保护意识；其次，中国湿地博物馆向公众展示中国重要湿地及中国湿地生态系统保护所取得的成就，有利于增强公众对中国湿地保护工作的了解，能进一步推进中国湿地保护工作；最后，中国湿地博物馆向科研人员提供湿地生态研究平台，有利于提高湿地生态系统科研水平，为湿地生态系统恢复提供技术支持。

（6）开展湿地保护教育。西溪国家湿地公园建有的湿地植物园、深潭口水文观测站、观鸟区、水下生态观察廊等湿地保护教育场所，充分发挥了城市湿地的科普教育功能，让城市居民积极参与到湿地生物多样性保护中。园区为游客设有专门的生态科普游览路线，同时与环保部门、林业部门合作，开展多样化的科普活动，成为全国首批国家环保科普基地、全国科普教育基地、首批中小学生研学实践教育基地。中国湿地博物馆以世界湿地日、国际博物馆日、世界环境日和植树节为契机，组织举办多种湿地生态系统科普教育宣传活动。例如在世界湿地日至植树节期间，举办"湿地、森林和我"原创故事大赛，加深公众对湿地的认识与保护意识。中国湿地博物馆还推出专门针对青少年的湿地科普教育活动，先后开设了显微镜观测、动植物标本制作、手工徽章制作、叶脉书签制作、风筝 DIY 制作等绿色体验课程，帮助他们树立湿地生态系统保护理念。中国湿地博物馆还创办了《国家湿地》杂志，为科研人员提供了良好的湿地生态系统保护的展示、交流、研究平台，为普通民众提供了专业的湿地生态系统科普教育。中国湿地博物馆还聚集了全国同行，于 2010 年 10 月成立了全国湿地类博物馆联谊会，形成了更为强大的湿地生态系统保护力量，来扩大湿地文化的影响力，增强湿地生态系统保护宣传教育效果。

案例亮点

（1）划定专门的生物多样性保护空间，维持良好的生物栖息环境，保护现有物种。

（2）种植乡土植物增加湿地生物多样性，形成稳定的湿地生态系统。

（3）多样化的水陆关系变化形式增加水鸟栖息地的多样性。

（4）充分发挥湿地生物多样性宣传教育功能，调动市民参与生物多样性保护的积极性。

适用范围

开展湿地保护的城市；各类湿地公园；城市生物多样性保护宣教工作。

（赵梓伊　肖能文）

【案例 5-2】

让鸟类成为秦皇岛滨海景观带的"主角"

海岸带有着丰富的自然资源，是鱼类、鸟类、哺乳类动物的重要栖息地，生物多样性非常丰富。由于优美的自然环境和地理条件，海岸带往往成为人类社会与经济活动最活跃的地带之一，其环境压力远大于陆地或海洋区域。如何兼顾海岸带生物多样性保护和社会经济发展，实现海岸带生物多样性的保护与可持续利用，已成为越来越被关注的问题。

案例描述

秦皇岛市滨海景观带地处秦皇岛市北戴河区与海港区之间，为北窄南宽的狭长条形，长 6.4 km，面积为 60 km²。该地由于新河河水在赤土山桥入海，形成大面积滩涂地，营养物质丰富，吸引了大量鸟类来此栖息，成为秦皇岛市著名的观鸟点之一。

（1）利用雨水进行湿地仿生修复。滨海带处在海水与淡水的交汇处，构建了稳定的湿地生物群落，有规律的潮汐活动带来了丰富的鱼、虾、蟹，成为鸟类觅食的天堂。湿地中大大小小的洼地用来收集雨水，从而让湿地植物和动物得以生长，并吸引鸟类觅食。同时，因地制宜利用海岸带原有微地形，划分鸟类保护区和观赏区，为大量候鸟提供了安全的觅食环境。

（2）构建生态防护堤和仿生栖息岛。采用碎石堤坝代替单调乏味的水泥堤坝，缓坡卵石护岸可帮助海草繁殖，不仅有利于鱼类繁殖，还可防止海岸带侵蚀。利用围截涨潮海水造湖，湖中心利用礁石、碱蓬以及土壤等设计出自然岛屿的形态，为鸟类休憩和筑巢提供必要场地。通过设置栖息岛，扩大近海潜水区边缘效应，从而发挥生态效益。

（3）铺设生态友好木栈道。海岸线分布有香蒲 *Typha orientalis*、紫穗槐 *Amorpha fruticosa*、刺槐 *Robinia pseudoacacia* 和旱柳 *Salix matsudana* 等原生

129

植物群落，但由于长期废置，游客很难靠近。管理者采用了一种箱式基础的木栈道，将不同植物群落连接在一起。木栈道采用生态友好的玻璃纤维基础，能"漂浮"在沙丘和湿地之上，其中水体木栈道采用单侧高墙半封闭形式，实现在最小干扰鸟类活动的情况下观察鸟类活动。

良好的栖息环境吸引了众多鸟类的光顾，目前秦皇岛滨海带已记录野生鸟类 460 余种，接近全国鸟类种数的 1/3，包括东方白鹳 *Ciconia boyciana*、丹顶鹤 *Grus japonensis*、黑嘴鸥 *Larus saundersi* 等稀有品种。

案例亮点

（1）注重保护与利用结合。划分鸟类保护区和观赏区，将观鸟设施移至保护区外，给大量候鸟提供了安全的觅食环境。

（2）建仿生栖息岛。利用礁石、碱蓬以及土壤等设计出自然岛屿的形态，吸引动物特别是鸟类栖息。

（3）绿色新技术木栈道。采用生态友好的预制玻璃纤维基础木栈道，在最小干扰鸟类活动的情况下观察鸟类活动，把对生物的影响降到最低。

适用范围

国内外城市海岸带。

（李冠稳）

【案例 5-3】

变"地球伤疤"为"宜游花园"
——贾汪区塌陷区的生物多样性恢复

煤炭资源的开采导致地表形成的比采空区规模更大的采矿塌陷地,在一定程度上影响了采矿区的生物多样性和生态系统服务。因此,采煤塌陷区的转型和生态系统修复受到越来越多的关注。如何恢复生物多样性、提升生态系统功能,已成为当今采煤塌陷区修复面临的关键问题之一。

案例描述

徐州市贾汪区是一座因煤而兴、因煤而痛的百年煤城,有着长达 120 余年的煤炭开采历史。在输出能源的同时,也遗留下总面积达 89 km² 的采煤塌陷地。其中,潘安湖采煤塌陷地是全市塌陷面积最大、最集中的区域,土地坑塘遍布、生物多样性破坏较为严重。

图 5-3-1　贾汪区潘安湖湿地公园(徐州市贾汪区委宣传部提供)

为解决潘安湖地区环境恶化、生物多样性降低的突出问题,徐州市以改善人居环境、拓展生态空间、加强生物多样性保护为出发点和落脚点,采用全省首创的"基本农田整理、采煤塌陷地复垦、环境修复、湿地景观开发"四位一体的治理模式，将全市最大的采煤塌陷区变成了"湖阔景美、游人如织"的绿色公园。

贾汪区坚持维护自然与人类的和谐统一，因地制宜地将塌陷沉降地改造成人工湿地。通过植物、微生物净水，凸显湿地生态系统对地球与人类的价值。在入湖河口区实施拦截工程，解决上游来水可能造成的水质隐患；禁止水域人工养鱼和饲料投放，建设污水处理设备和配套管网，安装雾化水泵杜绝旅游活动可能造成的内源污染。通过以上举措，目前潘安湖水质已达到Ⅱ类水质标准，大大提升了湿地生态系统的功能。

为了保护鸟类繁衍、栖息，在湖中建设动物栖息和保育区域，重点保护鸟类和两栖爬行类动物。良好的自然生态系统吸引了大量珍稀水鸟栖息、驻足，国家重点保护鸟类与《濒危野生动植物种国际贸易公约》（CITES）附录鸟类 30 余种，国家"三有"及省重点保护野生鸟类 40 余种，加上岛上潘安湖野生常驻鸟类 100 余种，共有鸟类 200 余种，是名副其实的鸟类天堂。

在植物物种选用方面，尊重湿地自然演替过程，尊重历史积淀，尽力保留湿地原生形态，选用本土植物为湿地公园陆地植物。栽植 70 余种乔木共计 19 万棵，50 多种灌木及地被植物 200 万 m^2，70 多种水生植物共计 133 万 m^2，形成高、中、低，水、陆生植物搭配，以及种类多样、疏密有致、层次丰富的植物群落，引来苍鹭、天鹅、水鸭、水鸡等鸟类。

由于潘安湖项目体量大、投资大，贾汪区利用江苏省 1.7 亿元的专项治理经费启动项目，采用建设-转让方式由施工企业代建，先以建成的项目向金融市场融资，再用建成后的景区的土地升值偿还贷款，形成了良性循环的资金投入使用机制。

通过采煤塌陷地治理工程，全市最大的采煤塌陷区变成了"湖阔景美、游人如织"的生态公园。优美的生态环境和完善的基础设施也使潘安湖景区在旅游界迅速升温，目前，景区年接待旅客突破 300 万人/次，年旅游综合收入达 1.8 亿元，取得了显著的生态效益、社会效益和经济效益。

案例亮点

（1）突出生态系统服务，实现变废为宝。将生态修复治理作为转型发展的突破口是重中之重；首创"四位一体"开发模式，取得生态效益、社会效益、经济效益的共赢。

（2）修复注重发挥生物多样性的作用。在生态修复过程中采用挺水植物、浮水植物、沉水植物与生态浮岛相结合的综合修复方法，同时兼顾本地生物多样性的保护与可持续利用。

（3）企业参与，拓宽融资。坚持多元投资，通过与企业合作，实现了资金投入使用的良性循环。

适用范围

采煤塌陷区、矿山开发区域生态修复治理和生物多样性保护。

（李冠稳）

【案例 5-4】

上海后滩公园——棕地生物多样性恢复之路

棕地是与绿地相对应的概念，指已开发、利用过并已废弃的土地。目前各界广为接受的棕地概念是由美国国家环境保护局和美国住房与城市发展部提出的："棕地为已废弃的、闲置的或未被完全利用的工业或商业用地，其扩展或再开发受现有或潜在的环境污染而变得复杂。"综合起来，棕地具有如下特征：①棕地是曾经发展过的工（产）业地区；②目前没有使用但实际受到工业污染或疑似受到污染的土地；③位于城区或近郊区；④部分或全部的区域是完全没有人居住的地区。基于上述特点，棕地能以最小的土地投入，最大程度地提升环境质量并完善城市绿地结构。目前越来越多的棕地恢复并转化为城市绿地，为城市里的生物提供栖息地。

案例描述

上海后滩公园是上海世博公园的主要组成部分，位于黄浦江东岸与浦明路之间，属上海市的核心区域。公园南临浦明路，西至倪家浜，北望卢浦大桥，占地 18 hm^2，其原为浦东钢铁集团和后滩船舶修理厂所在地，随着产业转移，该片区域成为典型的城市棕地。公园于 2007 年开始进行绿化改造，2009年 10 月完成。后滩公园是中国城市棕地生态恢复的成功典范，湿地生态系统的恢复是其亮点之一。

上海后滩公园拥有黄浦江城区段罕见的天然湿地，发挥着保护湿地生态系统、维持湿地生态系统功能的作用。但是，城市的发展使后滩的湿地生态系统受到严重破坏。黄浦江水质污染严重，水质在 V 类左右，严重污染的水质威胁着湿地的生物多样性。如何保护、恢复、重建湿地生态系统，充分发挥湿地生态系统的服务价值，实现净化、调节水体以及维持生物多样性等功能，成为公园设计之初面临的重大技术问题。

为恢复湿地生态系统功能，上海后滩公园设计方案以"双滩谐生"为结构特征建立湿地体系，由滨江芦荻带、原生湿地保护区、内河净化湿地带和梯地禾田带 4 部分组成。其中滨江芦荻带和原生湿地保护区主要指与黄浦江直接相邻的外水滩地，而内河净化湿地带主要是指场地中部的人工湿地系统。外水滩地中的原生湿地保护区通过隔离保持其原生态的自然风貌，保护自然湿地免受人为干扰；滨江芦荻带则可大体分为砾石滩湿地和粗沙滩湿地两个部分，它们共同完成过滤净化、防潮护坡等功能。内河净化湿地带和梯地禾田带主要是人工湿地带，整体突出湿地作为自然栖息地和水生系统净化的功能、湿地生态的审美启智和科普教育等功能。外水滩地和内河净化湿地带之间通过潮水涨落、无动力的自然渗滤进行联系，共同营造出具有地域特征、可持续的后滩湿地生态系统。

原生湿地生态系统恢复是其中的关键，主要采取以下 5 个方面的措施：①由于原生湿地所在黄浦江河段水体污染较为严重，并受天然潮汐作用的影响，因此对原生湿地以堆石形式构建生态坡岸，防止水土流失，并削减控制黄浦江水体污染进入；②维持原生湿地植物生境现状，增加斑块间的连接度，并适当扩大湿地斑块的面积，修复后湿地面积由 3.9 hm² 增加到 4 hm²；③以安全性与适生性为主要原则适当引入长江流域适生的乡土植物，防治处于黄浦江岸生态敏感带的生物入侵；通过在受损湿地种植部分具有净水功能的水生植物，达到改善水质的功效；④进行不同功能定位的植物保育与恢复重建，为湿地生物提供栖息地、避难与繁殖场所，为鸟类提供迁徙通道，营造生境多样性，进而恢复生物多样性；⑤在原生滩涂湿地与滩地之间设置隔离水系，将该区域设为游客禁入区，通过隔离保持其原生态的自然风貌，避免人类活动的干扰。

经过 6 年的监测发现，公园原生湿地面积增大，生物多样性得到较好的保护。内河湿地可长期、稳定地将黄浦江劣 V～V 类水净化为 III～II 类水，底泥重金属污染由中度污染转为轻微或无污染，生物多样性显著增加，底栖生物和浮游生物群落结构丰富，物种多度和丰富度增加，优势种由污染指示种向清水指示种过渡，成功实现了受损湿地生态系统的恢复。

案例亮点

（1）上海后滩公园是由棕地成功恢复湿地生态系统的典范。

（2）通过构建生态坡岸、维持和扩大原生湿地植物生境、引入长江流域乡土植物、植物群落保育与恢复重建、设置隔离水系等措施恢复原生湿地。

适用范围

将棕地进行绿地恢复的城市；城市湿地公园生物多样性的恢复。

（高晓奇）

【案例 5-5】

翠湖湿地——由水塘到国家级城市湿地公园的蜕变

城市湿地是以自然景观为主的城市公共开放空间，是城市环境的重要组成部分。然而在城市化进程中，由于缺乏对湿地的重视与保护，一些不合理的开发行为引起了城市湿地面积减少、水体污染、湿地功能退化等问题。作为极其重要的生境，湿地在城市鱼类、鸟类等物种保护方面具有不可替代的作用，为城市留住、留好湿地成为城市生物多样性保护的重要基础之一。

案例描述

翠湖国家城市湿地公园（以下简称公园）位于北京市海淀区上庄镇上庄水库北侧，是一个由水塘发展而成的湿地公园。公园总规划面积为 157.16 hm^2，分为封育保护区、封闭区、开放体验区。该公园以人工修复湿地为特点，将生物多样性保护、水环境保护、科普教育、湿地生态系统的观景体验等多种功能融为一体，是目前北京市唯一获批的国家级城市湿地公园。

图 5-5-1　翠湖湿地公园（史娜娜　摄）

（1）生物防治。为改善水质，保护湿地生境，公园每年投放滤食性鱼类鲢 *Hypophthalmichthys molitrix*，减少了水华，维持了湿地生态平衡。同时适当控制食鱼性鱼类数量和以浮游动物为食的滤食性鱼类数量，以保证浮游动物生物量。为维持良好的生物多样性，公园绿地植物以本土水生植物为主。浮水植物主要是大薸 *Pistia stratiotes*、浮萍 *Lemna minor*，挺水草本植物主要包括芦苇、香蒲、水葱 *Schoenoplectus tabernaemontani* 等，这些植物生长迅速、生物量大，可有效降低湿地系统中的氮含量。沉水植物主要有狐尾藻 *Myriophyllum verticillatum*、黑藻 *Hydrilla verticillata* 等，它们能够与藻类竞争水体中的营养盐，抑制水体中藻类的生长。同时，种植莲 *Nelumbo nucifera*、睡莲 *Nymphaea tetragona*、野慈姑 *Sagittaria trifolia*、芡 *Euryale ferox* 等根茎、球茎及种子植物，对公园水域中的水质有良好的净化作用，也提升了水域景观多样性。

（2）软硬件提升。翠湖湿地公园建立气象站，可以科学连续地采集公园气候因子、土壤因子等全方面环境数据。与科技公司合作，采用量子点光谱传感技术全天候在线监测公园水质。同时森林公安移动警务站进驻翠湖湿地，可实现对非法狩猎行为快速打击。

为让更多的人了解翠湖，了解湿地文化，近距离接触大自然，翠湖湿地公园每年都会开展以湿地日、爱鸟周、湿地功能等为主题的科普活动，与学校联合开展"湿地科普知识进课堂"系列活动，并通过官网、微信公众号等多种方式进行宣传，科普宣传成效显著。

图 5-5-2　松鼠和夜鹭（李春旺　摄）

截至 2019 年 7 月，公园记录原生湿地高等植物 443 种，分属于 97 科 316 属，包括国家Ⅰ级重点保护野生植物水杉 *Metasequoia glyptostroboides*，国家Ⅱ级重点保护野生植物野大豆 *Glycine soja* 和莲 *Nelumbo nucifera*，北京市Ⅱ级保护野生植物芡 *Euryale ferox*、黑三棱 *Sparganium stoloniferum*、花蔺 *Butomus umbellatus*、连翘 *Forsythia suspensa* 等 7 种；记录鸟类 20 目 55 科 228 种，其中国家Ⅰ级重点保护鸟类 8 种，包括大鸨 *Otis tarda*、金雕 *Aquila chrysaetos*、遗鸥 *Larus relictus*、丹顶鹤 *Grus japonensis* 等，国家Ⅱ级重点保护鸟类 34 种。

案例亮点

（1）生物技术提升生态系统功能。通过投放并控制滤食性鱼类鲢的数量和种植浮水、沉水植物等生物防治技术改善水质，维持湿地生态系统的稳定。

（2）注重物种保护与利用。从水生植物的选择与配置、鱼类和其他水生动物的食物链改造，到鸟类的保护与观鸟、科普等活动都体现了对物种的保护与利用。

（3）参与生物多样性科普与保护意识提升。定期开展以湿地日、爱鸟周、湿地功能等为主题的科普活动，促使人们了解湿地文化，近距离接触大自然，提升保护湿地生物多样性的知识和意识。

适用范围

国内外城市湿地的规划、建设、改造和管理。

（李冠稳）

【案例 5-6】

千湖之城——武汉的湿地保护

武汉河流湖泊众多，号称"千湖之城"。全市水域总面积为 211 760 hm²，占武汉市总国土面积的 25.01%，共有大小湖泊 166 个，湖泊水域面积为 77 956 hm²，中心城区湖泊 38 个。武汉拥有 1 个国际重要湿地、6 个国家级湿地公园、4 个省级湿地公园、5 个市级以上湿地自然保护区，构成了武汉的湿地生态网络。武汉湿地环绕既是自然赋予，也是城市生态布局之举。

案例描述

（1）制度保障湿地生物多样性。2018 年 2 月，武汉市人民政府印发《武汉市湿地保护修复制度实施方案》，方案明确了武汉市湿地保护修复目标，实行湿地面积总量管控，严格湿地用途监管，要求增加湿地生态功能，维护湿地生物多样性，全面提升湿地保护与修复水平，自然岸线保有率不低于 55%。方案明确了湿地生物多样性保护目标，要求水鸟种类不低于 100 种。持续开展对东湖国家湿地公园、沉湖国际重要湿地、涨渡湖、上涉湖、武湖等 15 处湿地自然保护区、湿地公园的保护与修复。在湿地修复中，坚持以自然恢复为主、自然恢复与人工修复相结合的方式，保持河流的完整性、连续性和岸线的原生性。

《武汉市湿地花城建设实施方案》要求，湿地建设坚持新建与改造并重、绿化与美化并举，山水园林路桥共建，引导全社会积极参与，打造世界湿地之都。到 2025 年，武汉将建设 80 个湿地类型公园、50 个小微湿地、9 处花卉亮点片区、300 个街心花园、300 hm² 花田花海和 500 km 赏花绿道。

实施湿地生态补偿机制。2013 年 10 月，武汉市推出《武汉市湿地自然保护区生态补偿暂行办法》，制定湿地生态补偿标准。如按照自然保护区核心区、缓冲区和实验区域对鸟类取食受损权益方按照每亩 50 元、35 元和 25 元等不同标准补偿。同时多渠道筹集资金，对生态敏感区域给予补偿。

将湿地面积、湿地保护率、湿地生态状况等保护修复成效指标纳入武汉市生态文明建设目标考核评价体系及各级领导干部经济社会发展相关考核评价体系。将湿地资源资产纳入领导干部自然资源资产离任审计范围，建立健全湿地保护修复奖励机制和湿地损害终身追责机制。

图 5-6-1　武汉南湖湿地公园（吴刚　摄）

（2）开展湿地生物多样性调查，搭建湿地智慧监控与生态预警系统。持续开展府河湿地、新洲区涨渡湖湿地自然保护区、兴洲洲滩和蔡甸沉湖等湿地生物多样性本底调查与监测，构建了生物多样性监管数据库，为湿地将来的保护与利用提供科学依据。采用无人机搭载红外相机等先进的技术，通过红外成像，找出生物分布的集中区域，利用红外相机对鸟类等开展监测。结合传统的调查方法，设置样线或样点，调查记录生物群落。

在沉湖等湿地搭建生态系统大数据传输网络，精准实现鸟类声音和视频识别，开展科学便捷化物种追踪。通过建设生态智慧监管系统，实时监测和分析湿地空气质量、水质水文、土壤环境，形成精细化的湿地监测和生态预警管理系统，打造湿地现代化保护管理决策体系。

（3）加强外来物种入侵调查防控。武汉市通过立法严防外来物种入侵,《武汉市湿地自然保护区条例》规定，向湿地保护区内引入外来物种的，将被处以 2000 元以上 1 万元以下罚款。同时武汉市将制定外来物种入侵监测预警方案和防控工作计划，开展外来入侵物种普查，构建外来入侵物种监测、预警与防控管理体系，定期发布外来入侵物种分布情况；加强重点外来入侵物种水葫芦、巴西龟、草地贪夜蛾等恶性外来入侵物种的防控与治理。发动公众参与外来物种调查，如通过招募自愿者调查江滩外来物种，标记记录和拍摄生长环境，采集入侵物种标本。公众通过亲自参与的方式，了解外来物种及其造成的危害，学习防治知识。

（4）加大湿地科普宣传和教育。兴建东湖湿地公园宣教中心、解放公园湿地科普馆等综合措施提升市民生态环保意识。在解放公园湿地科普馆中不仅有二维码科普牌对动植物生动详细介绍，还安装了科普互动装置，如"树冠羞避效应"观察设备，游客通过亲自操作和观察，理解树冠以及相邻两颗树冠之间的空隙距离，增加游客与大自然的互动。

案例亮点

（1）城市湿地生物多样性保护纳入地方政府规划和生态文明考核体系，提高湿地保护力度。同时开展湿地生态补偿机制，通过市场方式，调节生态保护相关者的利益关系，阻止生态环境破坏行为，补偿保护生态行动。

（2）开展湿地生物多样性本底调查、智慧监控与生态预警，通过大数据科学化管理，对重要湿地生态特征的变化进行有效预警。加强湿地外来物种入侵调查防控，保护本土生物多样性。

（3）开展城市湿地科普宣教，通过生动有趣的科普方式，让游客在科普馆休闲的同时获取生态自然科普知识。

适用范围

城市湿地保护、修复，外来入侵物种防控；湿地生态科普教育。

（李慧）

【案例 5-7】

河漫滩生物多样性修复样板——义乌滨江公园

　　河漫滩湿地是连接陆地生态系统和水域生态系统的关键，与陆域或水域相比，河漫滩的异质性更高，在保持生物多样性和珍稀物种资源方面具有不可替代的作用。随着城市化进程的加快，河漫滩遭到一定破坏，由此导致生物多样性发生变化。恢复河漫滩湿地生物多样性，提高河漫滩湿地生态系统服务功能已成为城市河漫滩湿地的新发展趋势之一。

案例描述

　　义乌滨江公园位于浙江省金华市义乌市，面积约为 28 hm²，是义乌江河流绿色廊道系统中一个示范性项目。义乌滨江公园曾受洪涝威胁、水污染、废弃物和建筑垃圾等一系列问题困扰，经修复后转变为一个具有雨洪调节和净化水质功能、支持本土生物多样性，同时提供休闲娱乐的城市公园。

　　（1）取缔水泥防洪墙。选取以生态友好的季节适应性自然堤岸代替水泥防洪挡墙，通过堤岸填挖创造出两条曲折并行的湿地溪谷，并在堤顶种植水杉 *Metasequoia glyptostroboides* 和乌桕 *Triadica sebifera* 等乡土树种。此外，场地现有的建筑垃圾也用以构筑种植水杉林的树岛空间。

　　（2）仿生系统净化水质。富营养化的河水通过 3 个风车泵从东部泵入公园，水质改善后有多种用途。在水泵源头，河水被分流进入两个程序。一个分流进入稻田净化系统，矩阵式的木板路沿田埂铺设，池杉 *Taxodium distichum* 分割的稻田中种植有不同种类的湿地净化植物，净化后的水排入一个夏天供人游憩的水池后再进入根据地形排列的灌溉系统，在需要时用以浇灌植物，最后水排入溪谷，用于湿地植被生长；另一个分流则直接将水引入溪谷狭长的湿地，并利用可降低流速的生物堤岸吸收消纳富营养化水中的污染物质。

　　（3）构建都市型观光农田。随着城市化水平的提高，人们对亲近自然的渴望越来越强烈，都市型观光农业作为一种集农业发展和观光旅游功能于一体的现代农业发展形式受到了人们的追捧。公园 1/3 的面积设计为都市农场，多种多样的农作物种植其中，包括玉米、豆类、高粱、向日葵、甘蔗和果树林等，近原生状态的农田系统为昆虫、小型野生脊椎动物提供了完美的栖息地。公园农场中创造了许多分散于都市农场的水景要素和平台来提供休憩空间，同时在各个小型空间中又赋予了如甘蔗园等主题，激活了园内、园外空间。

案例亮点

（1）构建绿色防洪墙。取缔水泥防洪挡墙，改为生态友好的季节适应性自然堤岸，增加生物多样性。

（2）生物技术净化水质。富营养化的河水通过 3 个风车泵引入种植有不同种类的湿地净化植物的水田中，层层过滤净化水质，为湿地提供良好的水质条件，提升湿地生物多样性。

（3）建造都市化农场。公园 1/3 的面积设计为都市农场，近自然状态的农田为昆虫、小型野生脊椎动物提供了保护栖息地。

适用范围

国内外河漫滩城市公园改造；国内外城市河漫滩区域生物多样性保护。

（李冠稳）

第 6 章

公众参与宣传教育

　　保护城市生物多样性不能仅依靠政府和专家的努力，公众参与是政策顺利、高效实施的前提。而推动公众参与城市生物多样性保护，需要以公众的生物多样性保护意识和相关知识为基础。因此公众参与和宣传教育对城市生物多样性保护具有重要意义。近年来，中国许多城市的相关管理部门或机构在建立生物多样性保护的公众参与机制、提高公众的生物多样性保护意识和知识方面进行了大量探索实践，极大地推动了城市生物多样性保护。

【案例 6-1】

"绿色北京 绿色行动" 宣讲团将生物多样性作为重要内容

宣传教育在推动生物多样性保护与可持续利用中具有重要作用，历次的《生物多样性公约》缔约方大会，都将生物多样性宣传教育作为大会决议的重要内容之一。宣传教育包括生物多样性知识普及、生物多样性保护与可持续利用意识的提升以及具体的生物多样性保护与可持续利用政策与技术等。宣传教育的主体可以是政府、教育、宣传、科研部门甚至个人。宣传教育的对象包括专业人员和社区公众的各类人群。城市作为一个区域的科技、人才和教育中心，可通过加强宣传教育，在生物多样性保护中发挥更大的作用。

案例描述

为了提高公众的环境意识，改善环境质量，2004 年，北京市环境保护局、首都精神文明建设委员会办公室、北京市科学技术委员会、北京市城市管理委员会、北京市科学技术协会共同成立了"北京绿色奥运 绿色行动宣讲团"，秘书处设在北京环境保护基金会。2009 年，为响应市政府"绿色北京、人文北京、科技北京"的发展战略，宣讲团更名为"绿色北京 绿色行动"宣讲团。2014 年年初，机构调整后其职能转到北京市环境保护宣传中心，秘书处也设在宣传中心。

宣讲团的宗旨是服务社会、服务生态环保事业，主要任务是提高社会整体生态文明素养和环境保护参与能力。宣讲团的工作形式是面向全市各行业、各部门、各层次的干部、群众开展生态环保宣讲活动，每年设 70 余项宣讲主题，每项主题至少由 2 位老师负责主讲。宣讲老师的组成包括专家学者、退休干部、环保志愿者、环保系统专业人员等。受培训人员包括区街乡镇干部、农村干部、社区工作者、环保员、网格员、企业干部、教师、大中小学生、社区居民、农村群众等。仅 2019 年，宣传团就宣讲 195 场；直接受众逾 3.1

万人。

为了配合和支持中国政府原计划在 2020 年举办的《生物多样性公约》第十五次缔约方大会和宣传绿色奥运的理念，北京市"绿色北京　绿色行动"宣讲团、张家口市委宣传部等在 2019 年 4 月 22 日世界地球日安排了题为"生物多样性保护与绿色奥运"的专题报告。报告会上，主讲人针对"生物多样性"的有关基础知识，从"什么是生物多样性""中国地区生物多样性的特点""生物多样性与气候变化的关系""生物多样性面临的威胁""生物多样性与我们的关系"5 个方面进行了讲解，还详细阐述了"绿色奥运"的理念，倡导奥运会应当注重保护生物多样性。张家口学院师生代表共 500 余人聆听了此场报告会。

图 6-1-1　2019 年世界地球日生物多样性宣讲活动现场（张琳　提供）

参加报告会的同学表示："听完报告收获很多，老师帮我们纠正了很多知识误区。主讲老师从生物多样性入手，通过讲述生物多样性的特点，介绍生物多样性与绿色奥运，这与张家口举办冬奥会契合，而且讲课方式很活泼，我们也听得津津有味。今后我们要多为绿色奥运贡献自己的一份力量。"

案例亮点

（1）支持与配合国家重点任务和战略的落实。为了配合与支持中国政府原计划在 2020 年举办《生物多样性公约》第十五次缔约方大会和宣传"绿色奥运"的理念，"绿色北京　绿色行动"宣讲团将生物多样性作为宣讲内容，在奥运会的举办地之一张家口举办生物多样性专题讲座。

（2）发挥中心城市的优势。北京作为全国的政治、经济、文化、科研、教育中心，在生物多样性宣传教育领域拥有巨大的优势，充分利用师资和专业优势，组织生物多样性知识培训，并覆盖本市的周边地区。

（3）具有高度的可复制性。向基层提供宣讲主题，由基层自主选择宣讲主题的模式，贴合实际，精准服务，站位高，效果好。

适用范围

国内外有志于生物多样性保护宣传和教育的城市、机构与组织都可以借鉴本案例的方法。

（张风春　张鹏）

【案例 6-2】

古树保护，人人参与——北京古树名木认养制度

加强生物多样性保护宣传教育，积极引导社会团体和基层群众广泛参与，建立全社会共同参与的有效机制是生物多样性保护的重要内容之一。2010 年，环境保护部印发《中国生物多样性保护战略与行动计划（2011—2030 年)》，将"建立生物多样性保护公众参与机制与伙伴关系"作为优先领域之一，明确要求"生物多样性保护要完善公众参与生物多样性保护的有效机制，形成举报、听证、研讨等形式多样的公众参与制度"。近年来，我国在建立生物多样性保护的公众参与机制方面进行了有益的探索。

案例描述

北京市有古树名木 4 万余株，是世界上古树名木最多的城市。要保护好如此众多的古树名木，仅仅依靠政府的力量远远不够，鼓励公众参与古树名木的保护工作，北京市探索建立并推行了古树名木认养制度。

2007 年，北京市出台《〈北京市古树名木保护管理条例〉实施办法》，第四条规定："本市鼓励单位和个人资助古树名木的管护，提倡认养古树名木。"第五条规定："古树名木行政主管部门应当对认养古树名木和管护古树名木成绩显著的单位或者个人给予表彰和奖励。"

2013 年，北京市出台《首都古树名木认养管理暂行办法》（以下简称《暂行办法》)，进一步规范了北京地区古树名木认养工作，包括认养的组织管理、程序以及各方的权利义务等。《暂行办法》将古树名木认养分为出资认养和出劳认养两种形式，其中出资形式认养古树名木是认养方提供认养资金，由管理部门或委托有资质的专业绿化单位进行养护管理；出劳形式认养古树名木是指管理部门制定日常养护管理方案后，由认养方具体实施。认养资金的测算以及养护方案的制定均以北京市地方标准——《古树名木日常养护管理标

准》（DB 11/T 767—2010）为依据。目前北京市古树名木以出资认养为主，出劳认养为辅。

为方便市民认养，北京市设立了多个认养点。根据北京市公布的 2019 年全市林木古树认养名单，其中城六区共设立了包括地坛公园、劳动人民文化宫、金融街中心绿地、日坛公园、元土城遗址公园等 15 个古树认养接待点，纳入侧柏、桧柏、黄金树、国槐、银杏、皂角、楸树等 509 株古树。

为增强市民认养的积极性，近年北京市举办了"寻找北京最美十大树王""传承绿色文化　讲述古树故事"等活动，大力宣传古树名木的价值。此外，北京市规定所有出资认养由北京绿化基金会开据北京市公益事业捐赠统一票据，凭票据可享受企业、个人所得税减免。认养者可获得公益慈善组织颁发的捐赠证书，认养单位或个人也可在古树周围竖立认养标志牌。

图 6-2-1　北京古树（张风春　刘勇波　摄）

在自愿认养、互相监督原则的前提下，许多管护责任单位积极开展面向全社会的古树名木认养工作：部分企业如北京移动通信有限责任公司认养香山公园古油松 8 株，也有市民以个人身份认养古树，每年对其进行重点的养护管理等。

城市古树名木作为市民身边的珍稀生物资源，在吸引公众参与生物多样性保护方面具有得天独厚的优势。北京市借助自身丰富的古树名木资源，建立了古树名木认养制度，为生物多样性保护公众参与机制的建立提供了借鉴和参考。

案例亮点

北京市借助古树名木建立了一种生物多样性保护的公众参与机制。

适用范围

城市古树名木的保护；城市生物多样性公众参与机制的建立。

（高晓奇）

【案例 6-3】

发现城市中的生物多样性——上海"生物限时寻"活动

青少年是生物多样性保护的重要力量。如何增强青少年生物多样性保护意识，鼓励他们亲近大自然，以实际行动保护生物多样性？上海的"生物限时寻"活动提供了一种非常好的参与途径。

案例描述

"生物限时寻"活动是指在一定时间内，由动物学、植物学、生物学等领域的专家学者带领公众，在一个特定的区域（通常是城市或市郊的公园），进行物种普查活动。作为一种新兴的户外休闲和运动方式，上海"生物限时寻"活动融合生物多样性保护宣传与探索于一体，逐步成为上海开展生态文明教育的重要活动之一。

2010 年 5 月 22 日，第二届上海市"生物限时寻"活动在上海动物园举行，该次活动由上海市科技艺术中心、上海市野生动植物保护管理站、上海动物园等十几家相关单位联合举办。主要包括分主题集会、寻找植物、寻找鸟和昆虫及类光诱虫等环节，帮助青少年学生初步了解身边生物多样性状况、作用及人类活动对生物多样性的影响，增强了青少年对生物多样性保护的意识。

2015 年 10 月 24 日，上海"生物限时寻"探究活动在新江湾城生态走廊实验区展开。与以往参加对象仅限中小学生不同，活动特邀亲子家庭参与，并通过微博平台向社会公开招募 15 组亲子家庭，希望通过活动增强更多成年人保护生物多样性的意识。现场不仅有华东师范大学鸟类专家、上海昆虫学会昆虫专家、上海中医药大学植物专家等 20 余位专家现场指导，还布置了生物多样性相关展板、书籍及多媒体资料，同时配备望远镜、显微镜等辅助工具帮助进一步观察、体验。

2019 年 10 月 20 日，上海市"生物限时寻"活动在上海植物园举行，活动包括野外生物识别和自然笔记两个部分内容，活动邀请了 10 余名常年从事生物学科普教育的知名专家，帮助参加活动的小朋友们寻找生物线索、辨别生物特征、分析野生动物生活习性，提供科学、通俗易懂的现场指导。

上海自 2009 年举办"生物限时寻"活动开始，至今已经连续举办了 10 余届，得到了广大学生、老师、家长和市民的支持和认可，提高了家长和学生的生物多样性保护意识，现已成为上海市开展生物多样性保护教育的重要活动之一。

案例亮点

（1）吸引社会广泛关注。上海市"生物限时寻"活动自发起已经连续举办了 10 余届，使越来越多的中小学生及成人对自然生态产生了浓厚的兴趣，引起了社会的广泛关注，人们自觉增强了生物多样性保护意识。

（2）内容丰富、组织形式多样。举办包括观鸟、动植物辨识、寻找生物线索等活动，邀请专家现场指导，微博平台公开招募亲子家庭等。

适用范围

城市中小学生物多样性保护宣传；生物多样性保护相关管理部门。

（李冠稳）

【案例6-4】

发挥植物园在生物多样性保护宣传中的优势

生物多样性基本知识的普及教育和宣传力度不足，导致公众对生物多样性、生物安全、生物入侵、遗传资源流失等概念陌生、知识缺乏。植物园作为植物资源的集聚地、乡土植物和外来植物的活标本园，是生物多样性保护的重要基地。植物园也凭借自身优势，在推动全社会的力量参与生物多样性保护工作中发挥了重要作用。

案例描述

石家庄市植物园位于河北省石家庄市西北部，是集科研科普、游览观光、社会生产等多功能为一体的现代化植物园，总面积为 200 hm^2，其中水体面积为 38.7 hm^2。截至 2015 年，植物园汇集植物 1 136 种，包括国家Ⅰ级保护、濒危植物佛肚树 *Jatropha podagrica*。植物园先后获得了 "全国中小学环境教育实践基地""中国生物多样性保护示范基地"、河北省 "科普基地" 等荣誉称号。

（1）设立研学部，专注于为学生提供自然主题的生命教育实践活动。由植物园内 10 余名科普专家和数十名自然教育导师组成教资团队，结合国内研学旅行的先进理念进行课程研发，针对不同年龄段学生设置课程。如 6～8 岁学生，以游戏及实景参观体验为核心，培养学习兴趣；8～10 岁学生，以植物科普、发现植物的生命周期为核心，激发学生主动获取知识的兴趣；10～12 岁学生，以了解生态与人类关系，认知植物构成及可持续发展的环保理念为核心，让学生了解生态危机以及每个人肩负的对生态保护的责任。

（2）与学校合作，开展各类科普活动。植物园与石家庄市各大、中、小学合作，举办认识古树、科普游、植物标本的采集与制作和摄影比赛等活动，通过视听模式科普教育，加深对物种多样性的理解；在国际生物多样性日、世界环境日等节日中，组织开展 "生物多样性保护""植物与环保""营造绿色家园"等主题教育活动；与高校建立了长期合作关系，设立实习基地，使学生在实践过程中掌握植物分类和植物标本采集方面的知识。

（3）多种形式开展科普宣传。策划内容独特的科普活动，如为家庭开展认领植物的活动；为年轻人推出"情定植物园"活动，让年轻人亲手种下一棵树。通过多种途径与群众互动进行科普宣传，如依托电视、报纸、电台、公交宣传等多种媒介，打造形式多样的公众科普教育；与当地电视台共同举办园林知识讲座，定期向市民提供植物保护和病虫害防治等方面的咨询服务。通过文字、图片、实物标本等传统方式和现代高科技手段相结合的方法，举办讲座、压花标本制作等活动，使参观者能直观地了解认识植物，感受植物之美，从而提高保护植物的意识。利用热带植物观赏厅、百花馆、沙漠植物展厅开展科普宣传，向游客传授植物相关知识，激发公众对保护珍稀植物的认同感和自觉性。

案例亮点

（1）植物园设立研学部。教资团队结合国内研学旅行先进理念进行课程研发，针对不同年龄段学生设置相适宜课程。

（2）与学校合作举办科普活动。与大、中、小学校合作，举办"认识古树""科普游"等活动，加深学生对生物多样性的理解。

（3）多种形式开展科普宣传。例如，"情定植物园"等内容独特的科普活动；形式多样的公众科普教育模式；园林知识讲座，提供植物保护和病虫害防治等方面的咨询服务。

适用范围

国内外城市内植物园、动物园生物多样性保护、科普宣传；致力于保护城市生物多样性的企业、政府、民间组织和社会团体。

（李冠稳）

【案例 6-5】

自然博物馆——生物多样性知识普及的重要阵地

除了正规教育场所，博物馆、自然保护区等非正规教育场所也是开展生物多样性认知教育的重要阵地。自然博物馆有着丰富的古今中外动植物标本和身临其境的体验学习方式，具有其他教育机构不具备的优势，在生物多样性保护教育方面有着非常特殊的作用。

案例描述

上海自然博物馆（上海科技馆分馆）位于上海市静安雕塑公园内，总面积为 4.5 万 m^2，库藏标本 29 余万件，包括植物标本 15 万余件，哺乳动物标本 4 000 余件，鱼类、鸟类、两栖爬行类各 1 万余件，昆虫标本近 3.3 万件等。下设"起源之谜""缤纷生命""生态万象"等 10 个主题展区，如"缤纷生命"展区展示标本和模型 6 000 余件，几乎涵盖了自然界所有大的生物门类；"上海故事"展区通过以上海为中转驿站的迁徙鸟类和洄游鱼类的故事，展现生物变迁中所记录的上海。

构建多维立体的教育体系。上海自然博物馆利用展区内容和展出标本开发了近 100 个教育课件和活动，如植物主题有看不见的巨人——硅藻、叶子的奇妙、孪生树枝等。通过展区教育点、探索实验教室和网上博物馆构建多维立体的教育体系，上海自然博物馆成为生物多样性认知教育的理想场所。

室内体验探索。自然博物馆地下二层设有探索中心。不同于学校课程安排，这里的课程更注重体验，如以"足"为"鉴"课程，首先让参与者观察布置在展区里不同动物的蹄、爪的形状及其功能，了解物种的多样性；其次在科学老师的指导下，用软陶和钢丝骨架制作动物的足；最后把足与事先准备好的动物躯体模型组合复原。通过参与者自己动手亲身体验，增加对生物多样性的了解。

户外拓展教育。除在馆内开展有关的生物多样性教育项目，活动还拓展到馆外，走进大自然书写"传奇"。例如，选择上海市区最常见的 4 种鸟类为突破口，制作了一份任务单，既有馆内的观察记录，又有户外观鸟任务，活动从室内延续到了户外，既贴近生活，又丰富多样。

馆校合作。上海自然博物馆与全市 127 所中小学签订馆校合作共建协议，共同"开发一批博物馆课程、培训一批科技创新教师、培养一群创新型学生"，积极探索出一条博物馆教育的新路。上海自然博物馆依托科研和藏品资源，向科研院所、高校招募研究员及大学生。在展览教育业务骨干和科学研究人员的指导下，大学生开展如标本制作与修复、科普教育、自然科学基础研究等课题，并通过上海自然博物馆的平台，将专家及公众科普科研成果展示出来。

图 6-5-1　上海博物馆"缤纷生命"展区（李冠稳　摄）

案例亮点

（1）馆内馆外结合。既有馆内教育活动，又结合馆外体验活动，加深公众对生物多样性的认识。

（2）线上线下结合。利用常设展区的教育点、探索实验教室、网上博物馆，构建多维立体的教育体系，使上海自然博物馆成为生物多样性认知教育的理想基地。

（3）馆校合作。通过与中小学签订馆校合作共建协议，培养创新型学生；与科研院所、高校合作，鼓励开展科学研究。

适用范围

开展生物多样性认知教育的国内外自然博物馆；开展生物多样性科普教育的自然保护区等。

（李冠稳）

【案例6-6】

泉州野生动物保护宣传进社区

社区是城市的重要组成部分，开展生物多样性保护宣传进社区活动，对公众正确认识生物多样性的重要性，推动生物多样性保护具有重要意义。通过生物多样性保护宣传活动带动家庭，家庭再影响社会，使全社会共同关注生物多样性保护，从而形成全民参与生物多样性保护的良好社会风气。

案例描述

为普及生物多样性知识，提升公众生物多样性保护意识，促进全社会关注并参与生物多样性保护，泉州湾河口湿地自然保护区联合泉州市生物学会、泉州市湿地学会、泉州师院化生学院等相关单位，在丰泽区城东街道前头社区开展了保护野生动物宣传活动，活动主要分3项内容开展。

（1）进入社区每户进行执法宣传。自然保护区工作人员与社区工作人员、志愿者等一同进入每户分发法律法规宣传单，讲解湿地保护、野生动植物保护的相关知识，并开展相应的问卷调查，及时了解和掌握社区群众对生物多样性保护的认识水平和法律意识。

（2）进行现场互动开展科普宣传。活动中展示了绿头鸭 *Anas platyrhynchos*、蓝翡翠 *Halcyon pileata*、池鹭 *Ardeola bacchus* 等野生动物标本10余份，展示保护区宣传板5块，并张挂鸟类彩画60余份，发放宣传单8 000余份，同时滚动播放野生动植物资源保护、湿地保护等相关视频。泉州师院化生学院的老师及10余名环保志愿者与群众开展视频知识问答、长卷画填色等趣味活动，并向参加活动的群众讲解湿地保护和野生动植物保护的相关科普知识。多样的活动形式和丰富的内容吸引了社区周边近200余名群众和170余名小学师生参加，提高了大家对生物多样性保护的意识，激发了大家保护湿地、保护野生动物的热情。

（3）执法车辆流动宣传。为扩大宣传范围，使更多的人能够了解生物多样性保护相关知识，保护区管理处组织人员租用执法宣传车辆，通过悬挂野生动植物保护标语口号，滚动播放湿地保护、野生动植物资源保护和自然保护区保护相关法律知识，到各个社区主要出入口、主要道路和人流密集处进行巡回宣传，进一步扩大宣传效果。

野生动物宣传进社区活动对普及生物多样性知识，树立生物多样性保护、人与自然和谐相处的意识具有重要意义。

案例亮点

（1）入户宣传。泉州湾河口湿地自然保护区工作人员进入每户分发动物保护法律宣传单，并开展相应的问卷调查，及时了解和掌握社区群众对生物多样性保护的认识和法律意识水平。

（2）宣传内容丰富、形式多样。社区内开展湿地保护、野生动植物资源保护相关知识科普互动；为扩大宣传面，租用执法车到各社区主要出入口、主要道路和人流密集处流动宣传。

适用范围

湿地自然保护区进社区宣传野生动植物保护相关法律法规；城市内公园绿地的生物多样性保护宣传；生物多样性保护相关部门。

（李冠稳）

【案例 6-7】

生长在屋顶上的课堂

被称为建设"第五立面"的屋顶，是城市建设中尚待开发的"宝地"。通过系统化的屋顶绿化及垂直绿化设施不仅可以有效增加生态绿色面积，为昆虫、鸟类提供新的生活场所，增加城市局部地区生物多样性，还可以让屋顶变成一个具有观赏价值、教育价值、科研价值的"课堂"。

案例描述

史家胡同小学位于北京市东城区南小街工匠营甲二号，在北京市园林绿化局、北京市屋顶绿化协会、北京市农业技术推广站的配合下，该小学对教学楼南楼和北楼屋顶进行了改造。

屋顶防水采用刚性和柔性两种防水材料。防水检验合格后，首先在屋顶铺设 PE 阻根膜和保湿层，然后铺设蓄排水板，最后铺设过滤层。在过滤层铺设园路和喷灌系统，并采用土工布进行保护以免发生堵塞。同时过滤层上铺设轻质基质，轻质基质由宝绿素和改良土混合而成，植物进行栽培前，先将基质层进行洒水湿润，以便植物成活。在建筑屋面搭设防腐木攀援架，以便对植物进行牵引。

根据小学教学特点，将教学楼南楼建设成为集园艺知识普及、学生劳动实践、爱国主义于一体的科普园。种植植物包括乔、灌、花、草等 10 余种，观赏蔬菜和药材近 10 种。科普园设置了取自我国东南西北中的五色土微型社稷坛，其中青土取自乌苏里江畔虎林，红土取自湖南湘潭及海南三亚，黑土取自黑龙江畔北极村，白土取自新疆和田昆仑山脉及塔克拉玛干沙漠，黄土取自陕西延安。同时增设互动墙 1 处、科普景墙 5 处。

教学楼北楼被改建为农业种植园（屋顶小农庄），通过劳动实践加强学生与大自然的交流，让学生切身体会"锄禾日当午，汗滴禾下土"中的含义，增强学生的节约意识。

学校基于改建后的屋顶开展多种互动方式，包括组织学生进行研讨；解答由学生提出的科普景墙上的问题；给学生分发植物种子和种植钵，让学生在家培育幼苗，发芽后种植在学生科研区；组织专家现场手把手辅导学生对农作物进行人工授粉，讲授农业知识；果实成熟后，组织学生进行现场采摘，使学生既学习和掌握了植物生长过程的相关知识，还充分体验了收获的快乐。

史家胡同小学屋顶绿化不仅为高楼林立的社区营造了一处田园风光，同时还提高了学生对生物多样性的认识和保护意识，成为教学楼屋顶绿化的典范。

案例亮点

（1）采用创新的设计理念，将植物种植与教学工作相结合，最终创造出"生长在屋顶上的课堂"。

（2）屋顶改建成功后，通过多种实践劳动，学生学习和掌握植物生长过程的相关知识，并增强学生对物种多样性的认识和保护生物多样性的意识。

适用范围

国内外城市大、中、小学校教学楼；城市居民楼顶改造。

（李冠稳）

参考文献

[1] 蔡文婷，姜娜.《国家园林城市系列标准和申报评审管理办法》修订解读[J]. 中国园林，
     2017，33（4）：40-43.

[2] 张翔，王雪松. 台湾地区 EEWH 绿建筑评价系统"生物多样性"评价指标演进研究[J].
     建筑与文化，2015（3）：165-166.

[3] 赵婧达.《国家园林城市标准》的演进与展望[J]. 中国风景园林学会. 中国风景园林
     学会 2014 年会论文集（下册），2014：391-394.

[4] 张风春，杨小玲，钦立毅.《中国生物多样性保护战略与行动计划》解读[J]. 环境保护，
     2010（19）：8-10.

[5] 詹政达. 台湾绿建筑生物多样性指标之研究[D]. 厦门：厦门大学，2013.

[6] 张翔，王雪松. 台湾地区 EEWH 绿建筑评价系统"生物多样性"评价指标演进研究[J].
     建筑与文化，2015（3）：165-166.

[7] 刘高慧，肖能文，高晓奇，等. 不同城市化梯度对北京绿地植物群落的影响[J]. 草业
     科学，2019，36（1）：69-82.

[8] 肖能文，高晓奇，李俊生，等. 北京市生物多样性评估与保护对策[M]. 北京：中国林
     业出版社，2018.

[9] Grunewald K，Li J，Xie G et al. Towards Green Cities-Urban Biodiversity and Ecosystem
     Services in China and Germany[M]. Switzer land: Springer International Publishing，2018.

[10] 刘晓舟，王疏，赵成德，等. 豚草及其综合防除研究进展[C]. 全国生物多样性保护与
     外来物种入侵学术研讨会，2006.

[11] 李丽颖. 以虫治草 以草抑草 阻击豚草恶性入侵的生物防治战初显成效[J].农药快
     讯，2018（21）：57-58.

[12] 姜刘志，李常诚，杨道运，等. 福田红树林自然保护区生态环境现状及保护对策研究
     [J]. 环境科学与管理，2017（11）：152-155.

[13] 陈丽. 福田红树林自然保护区科普教育实践与探索[J]. 自然科学（全文版），2017（7）：
     104.

[14] 石河, 纪建伟. 2019 年城区调查显示: 雨燕逐步适应城市化, 巢向现代建筑转移北京雨燕繁殖后有 1 万只左右[J]. 绿化与生活, 2019（11）: 10-14.

[15] 颜琳. 南昌天香园景区都市候鸟品牌塑造研究[D]. 南昌: 南昌大学, 2011.

[16] 昆明市林业局. 昆明与红嘴鸥有个约会[J]. 云南林业, 2015, 36（1）: 37-38.

[17] 张鹏. 天空王者 飞过北京上空的猛禽[M]. 北京: 高等教育出版社, 2019.

[18] 北京猛禽救助中心. 猛禽救助中心操作指南[M]. 北京: 中国林业出版社, 2012.

[19] 李德铢, 杨湘云, 王雨华, 等. 中国西南野生生物种质资源库[J]. 中国科学院院刊, 2010, 25（5）: 550, 565-569.

[20] 秦少发, 张挺. 中国野生植物的种子方舟[J]. 生命世界, 2019（5）: 26-37.

[21] 孙海宁, 孙艳丽. 北京市古树名木管理信息系统的开发与应用[J]. 林业资源管理, 2020（2）: 161-166.

[22] 矫松原. 北京市推进文物与古树名木联动保护机制[J]. 国土绿化, 2020（3）: 62.

[23] 石河, 何建勇. 北京首次设立"古树名木保护专项基金"助推 41865 株古树名木更"健康"[J]. 绿化与生活, 2019（6）: 20-27.

[24] 姚岚. 城市双修视角下的成都绿道研究[J]. 现代园艺, 2019（11）: 140-142.

[25] 张健. 以提升生态功能为导向的城市绿道系统规划方法研究——以成都天府绿道为例[J]. 西部人居环境学刊, 2019, 34（6）: 73-78.

[26] 李展, 蔡鹏, 李奋飞, 等. 关于进一步加强天府绿道科普场景营造的建议[J]. 科技经济导刊, 2019, 27（36）: 211-212.

[27] 建设部城市建设司. 园林城市与和谐社会[M]. 北京: 中国城市出版社, 2007.

[28] 山东荣成经济开发区宣传群团办. 山东荣成: 野生白鹭栖息桑沟湾城市湿地[J]. 小城镇建设, 2014（4）: 20.

[29] 景文. 基于鸟类栖息地保护的山东荣成桑沟湾滨海湿地公园（一期）规划[D]. 武汉: 华中农业大学, 2013.

[30] 肖辉明, 朱爱琴, 杨志礼. 荣成成为首个国家级城市湿地公园[J]. 中国花卉园艺, 2004（6）: 9.

[31] 宋益帆. 上海巨人产业园斜面屋顶绿化工程[J]. 建筑知识, 2011（8）: 331-332.

[32] 翟盼盼. 上海巨人集团总部园区[J]. 风景园林, 2012（6）: 64-69.

[33] 李昊. 城市生物多样性保护与生态廊道规划——以生态福州总体规划的相关实践为例

[C]. 中国城市规划学会.城乡治理与规划改革——2014 中国城市规划年会论文集（7 城市生态规划），2014：10-23.

[34] 杨依婷，赵卓琦，刘欣. 北京奥林匹克森林公园生态廊道桥设计方法分析[J]. 现代园艺，2017（18）：102.

[35] 冒晨. 生态廊道的建设[J]. 现代园艺，2018（16）：179.

[36] 陶锋. 基于绿色廊道的宁波城市社区生态景观优化设计[J]. 宁波大学学报（人文科学版），2015（4）：129-132.

[37] 秦桢. 浅析我国现代景观规划设计中的棕地改造——以宁波生态走廊规划设计为例[J]. 园林科技，2020（1）：30-34.

[38] 孔铎. 海绵城市理论在滨河绿道景观工程中的应用——以宁波生态廊道为例[J]. 天津建设科技，2019，29（5）：61-64.

[39] 安建宇，刘鸿俊，刘才爽，等. 公园景区数据化管理的新思考——以天津市南翠屏公园为例[J]. 环境卫生工程，2014，22（3）：17-19.

[40] 高春霞，张天扬. 天津市南翠屏公园使用状况评价报告[J]. 农业科技与信息（现代园林），2010（7）：19-20.

[41] 王和祥，韩庆，宋士宝. 建筑垃圾堆山造景技术初探——天津南翠屏公园建设[J]. 中国勘察设计，2009（12）：82-84.

[42] 雷明军，蒋固政. 武汉大东湖水网构建工程对生物多样性影响研究[J]. 人民长江，2012，43（3）：59-61.

[43] 李晨光，王岚. 河湖连通生态水网构建技术在大东湖项目的应用与实践[M]. 北京：中国水利水电出版社，2017.

[44] 张慧茹. 浅析包头市赛汗塔拉城中湿地草原保护以及恢复的重要性[J]. 内蒙古科技与经济，2012（8）：67.

[45] 贾力，姜海荣，米艳杰.包头市赛汗塔拉生态园区植被的抚育管理[J]. 内蒙古农业大学学报（自然科学版），2007（4）：259-262.

[46] 李玉波. 一张蓝图守护城中草原 60 多年[N]. 工人日报，2020-08-21.

[47] 关海莉，成超男，胡凯富. 浅析城市湿地公园植物景观规划——以杭州西溪湿地公园为例. 现代园艺[J]，2017（7）：136-137.

[48] 孔杨勇，夏宜平. 西溪湿地公园生物多样性保护与生态景观形成[J]. 农业科技与信息

（现代园林），2006（2）：11-13.

[49] 俞静漪. 发挥中国湿地博物馆作用　积极开展湿地科普宣教活动[J]. 浙江林业，2014（B02）：36-37.

[50] 俞孔坚，凌世红，刘向军，等. 再生设计秦皇岛海滨景观带生态修复工程[J]. 风景园林，2010（3）：80-83.

[51] 常江，胡庭浩，周耀. 潘安湖采煤塌陷地生态修复规划体系及效应研究[J]. 煤炭经济研究，2019，39（9）：51-55.

[52] 王子强，祁鹿年，周力凡. "城市双修"理念下近郊采煤塌陷区治理研究——以徐州市潘安湖片区为例[J]. 江苏城市规划，2019（3）：25-29.

[53] 贺震. 昔日塌陷区，今日潘安湖[J]. 环境教育，2018（12）：84-87.

[54] 周文琴，王宝玉. 徐州潘安湖煤矿塌陷地湿地景观生态修复[J]. 江苏建设，2016（4）：57-61.

[55] 董悦，张饮江，金晶，等. 上海世博会后滩原生湿地保育与受损湿地生态修复[J]. 农业科技与信息（现代园林），2012（6）：22-28.

[56] 李晓光，刘筱竹. 翠湖湿地公园水域生物多样性保护与成效[J]. 湿地科学与管理，2012，8（1）：20-23.

[57] 李晓光，王晓星. 翠湖湿地公园水生植物资源及其保护与管理[J]. 北京园林，2013（3）：34-40.

[58] 张强，李晓光，商晓静，等. 北京翠湖湿地鸟类资源现状及保护对策[J]. 湿地科学与管理，2012（2）：21-23.

[59] 卫明，魏梓兴. 保护和恢复城市的河流湿地[C]. 上海市湿地利用和保护研讨会论文集，2002.

[60] 徐行. 昆明泛亚城市湿地公园植物多样性研究及植物景观分析[D]. 武汉：华中农业大学，2013.

[61] 李晓东，张莉，张薇薇. 乌兰察布市霸王河生态综合治理工程探讨[J]. 内蒙古水利，2015，160（6）：48-49.

[62] 应超，王颖. 2010 年 Bioblitz 生物限时寻科技活动在上海动物园举行[J]. 生物学教学，2010，35（8）：81.

[63] 狄乐，付丽华. 利用生物多样性优势开展科普教育——以石家庄市植物园为例[J]. 河

北省第一届园林博览会，2012.

[64] 石家庄市植物园全国中小学生环境教育社会实践基地——河北省石家庄市植物园[J]. 环境教育，2016（11）：3.

[65] 唐先华. 自然博物馆的生物多样性认知教育初探——以上海自然博物馆为例[J]. 博物馆研究，2016（4）：49-52.

[66] 张浪，王浩. 城市绿地系统有机进化的机制研究——以上海为例[J]. 中国园林，2008（3）：82-86.